多组分混凝土理论工程应用

朱效荣 刘 泽 蒋 浩 著

科学出版社

北京

内 容 简 介

本书主要内容包括:介绍当前混凝土行业存在的问题及解决思路,介绍多组分混凝土理论以及根据原材料理化参数推定混凝土强度,设计混凝土配合比,依据多组分混凝土理论对固定胶凝材料调整配合比,已知一组配合比参数设计新配合比,根据砂石含泥量调整设计新的混凝土配合比,设计管桩混凝土和透水混凝土配合比,介绍预湿骨料技术配制的混凝土工作性、力学性能和耐久性等。

本书可供混凝土生产施工一线管理及技术人员、科研院所研发人员、高等院校师生参考。

图书在版编目(CIP)数据

多组分混凝土理论工程应用/朱效荣,刘泽,蒋浩著. —北京:科学出版社,2021.5
　　ISBN 978-7-03-068633-6

　Ⅰ.①多…　Ⅱ.①朱…②刘…③蒋…　Ⅲ.①多组分–混凝土–研究　Ⅳ.①TU528.01

中国版本图书馆 CIP 数据核字(2021)第 071309 号

责任编辑:牛宇锋　乔丽维 / 责任校对:王萌萌
责任印制:吴兆东 / 封面设计:蓝正设计

科 学 出 版 社 出版
北京东黄城根北街 16 号
邮政编码:100717
http://www.sciencep.com

北京虎彩文化传播有限公司 印刷

科学出版社发行　各地新华书店经销
*

2021 年 5 月第 一 版　开本:720×1000　B5
2023 年 5 月第四次印刷　印张:13 1/2
字数:247 000

定价:**98.00 元**
(如有印装质量问题,我社负责调换)

序　一

水泥混凝土作为世界上体积量最大的工业产品，是建筑和土木工程中最主要的结构材料，从住房到桥梁、从公路到铁路、从水库到大坝、从地面工程到地下工程，都离不开混凝土的构筑和支撑。

随着世界各国天然资源的过度开采，资源趋于紧缺，混凝土原材料从传统的水泥、砂子、石子逐渐向再生材料扩展，各类工业和城市固体废弃物开始逐渐加入混凝土体系。各种掺合料和再生骨料的加入使传统水泥混凝土组分变得更多，配比更加复杂，早期工作性和理化性能更难控制，经典混凝土配合比理论在理论研究和实际应用过程中变得更加困难，多组分混凝土配合比设计和工程实践已成为现代混凝土质量保障和可持续发展的重要议题。

该书作者朱效荣教授、刘泽教授和蒋浩高级工程师长期致力于混凝土材料的研究和应用，做了大量研究工作，其多组分混凝土配合比设计方法在全国数百家混凝土公司应用，所配制的混凝土应用于公路、铁路、大型示范工程等几十个重大项目。该书正是根据作者们多年研究和工程实践的成果撰写而成的。

全书介绍了大量工程案例，是对多组分混凝土配合比设计方法的有力佐证，中国工程院陈肇元院士先后主持了该书作者研究的"新型无熟料水泥混凝土"、"纤维混凝土"和"C100高性能混凝土"三项成果的鉴定，中国工程院孙伟院士主持了"多组分混凝土理论"成果命名和鉴定，中国工程院唐明述院士主持了"高强透水混凝土"项目成果的鉴定会，这几项成果的推广应用实例全部被评定为国际领先或国际先进，并收录于书中。

该书的出版将给混凝土工程领域带来全新的设计方法，促进复杂多组分混凝土的快捷试配和工程应用，对混凝土生产施工一线管理及技术人员、科研院所研发人员、高等院校师生的理论和实践具有指导作用，将有效提高混凝土试配和施工效率，推动我国混凝土事业的可持续发展。

中国科学院　院士

中国矿业大学(北京)　教授

2020 年 10 月于北京

序　二

随着人类社会城市化不断推进，世界人口已经激增至 70 亿，其中有一半人口居住在城市，作为世界上体积量最大的工业产品，水泥混凝土广泛用于住房、道路、桥梁、大坝等基础设施建设。

混凝土原材料的巨大需求，导致天然资源过度开采，生态环境加剧破坏，严重威胁着自然环境和人类社会的可持续发展。为了减少天然资源的泛滥使用、保护生态环境、恢复绿水青山，近二十年来，各类工业和城市固体废弃物开始逐渐进入混凝土的原材料清单中。各种掺合料和再生骨料的加入使传统水泥混凝土组分变多，配比过程更加复杂，传统混凝土配合比理论在理论研究和实际应用过程中变得更加困难，复杂多组分混凝土的配合比设计和工程实践已成为现代混凝土可持续发展的重大需求。

该书作者朱效荣教授、刘泽教授和蒋浩高级工程师长期从事混凝土的科学技术研究，进行了大量混凝土配合比理论和耐久性方面的基础理论和应用研究，先后参与了国家大剧院、中央电视台、国家体育场、青连高铁、兴泉高铁、石济客专、广巴高速、纳黔高速、海阳核电站和两河口水电站等项目的混凝土配合比设计工作，在全国数百家商品混凝土搅拌站指导过工作，在建筑工地解决了大量实际问题，在这些工作中积累了丰富的经验。该书正是根据作者们多年研究和工程实践的成果撰写而成的。

中国工程院院士、清华大学教授陈肇元先生先后主持鉴定了该书作者研究的"新型无熟料水泥混凝土"、"纤维混凝土"和"C100 高性能混凝土"三项成果，前两项成果分别被认定为国际领先和国际先进，并于 2001 年和 2004 年分别获得北京市科学技术三等奖。中国工程院唐明述院士主持鉴定了该书作者研究的"高强透水混凝土"，成果被认定为是国际领先，并于 2010 年获得华夏建设科学技术三等奖。

2006 年 10 月由中国工程院院士、东南大学教授孙伟先生任主任委员主持鉴定了该书作者研究的"现代混凝土强度理论模型的应用"项目，认为该项技术成果在混凝土配合比设计技术创新方面具有较大突破。孙伟院士认为本课题研究的成果涵盖了混凝土配合比设计技术、混凝土拌和物工作性、硬化混凝土力学性能和耐久性，建议将课题名称改为"多组分混凝土理论"，该项技术达到国际先进水平。2008 年该项技术获得华夏建设科学技术三等奖。

　　近年来，该书作者们经过大量的、进一步的工程项目实践摸索，建立起更加完整的理论和技术体系，在工程中广泛地推广应用，不断地总结提高，取得了积极成果。该书的出版将推动混凝土配合比设计方法的革新，促进多组分混凝土配合比设计的快捷试配和工程应用，对科研院所研发人员、高等院校师生和混凝土生产施工一线管理及技术人员起到积极作用。

中国工程院　院士

东南大学　教授

2020 年 10 月于南京

前　　言

混凝土行业是一个艰苦的行业，也是一个需要付出的行业，虽然从事的岗位不能够让每一个人都满意，但是这个行业仍然需要一些人去坚守，需要一些人把这个行业当事业去做，有干事业的心才会干出事业来。当我们碰到实际问题时就需要去系统研究，特别是对那些不符合工程实际的理念，更需要系统研究和现场实践才会分辨真伪。针对现代混凝土行业，水泥、掺合料和砂石骨料都已经不是传统的原料。由于混凝土产量以及品种的增加，原材料的变化非常频繁，砂石骨料含水率和级配的变化最为明显。在这种情况下，要做出优质的混凝土就需要学习一种多组分混凝土的配合比设计方法，掌握多组分混凝土配合比设计的关键技术。通过提高原材料的检测频率，准确检测原材料理化参数，科学配制出符合设计要求的混凝土。传统的混凝土配合比设计方法较难适应现在的原材料，试配次数较多，耗时较长，还不能满足施工要求。因此，提高原材料检测频次，准确掌握原材料理化属性非常必要。掌握符合原材料实际和设计要求的理论以及配合比设计方法是技术人员少走弯路、减少试配劳动量和质量控制成功的关键。技术人员提高试配成功率，产品质量稳定可靠是企业和客户建立良好合作关系的关键。针对不同区域和理化属性的原材料，技术人员通过学习掌握多组分混凝土配合比设计方法，实现"打配比次次成功，生产混凝土车车合格，现场泵送时每次浇筑不加水"，这是每位混凝土技术人员的梦想和愿望。只要混凝土的质量得到保证，技术人员在客户和企业之间、企业内部部门之间沟通就有发言权了。要解决新问题，就应该建立新理论，推广应用新技术，接受新观念，这样才能解决水泥、掺合料、砂石骨料和外加剂的变化引起的各种问题，节约天然资源，保护生态环境，降低生产成本。本书是作者在本领域二十余年科学研究、技术实践及工程应用成果和经验的系统而全面总结。

全书共9章，第1章介绍当前混凝土行业存在的问题和解决思路，并系统梳理与混凝土相关的专业术语，是多组分混凝土理论的基础与核心；第2章介绍根据已测已知原材料参数和混凝土配合比推定混凝土强度的方法及工程应用实例；第3章介绍多组分混凝土配合比设计计算方法及工程应用实例；第4章介绍固定胶凝材料调整混凝土配合比方法及工程应用实例；第5章介绍已知一组配合比参数设计配合比的方法及工程应用实例；第6章介绍根据砂子含泥量调整配合比设计计算方法及工程应用实例；第7章介绍管桩混凝土配合比设计计算方法及工应用实例；第8章介绍透水混凝土配合比设计计算方法及工程应用实例；第9章主要介绍预湿骨料混凝土力学性能和耐久性技术(由杭美艳和薛超撰写)。

在本书的撰写过程中，吸收和选用了国内外专家有关水泥、掺合料、再生骨料和外加剂研究应用相关的文献、专著和报告的部分内容，在此对这些资料的原作者表示感谢！本书的撰写得到国内外大专院校、科研院所、水泥生产企业、混凝土生产企业、外加剂生产企业、建设施工企业及监理公司的大力支持和帮助，在此表示感谢！

本书的撰写主要依赖于生产与工程实践，得到混凝土科技网、混凝土第一视频网、江苏瑞凯新材料科技有限公司、北京灵感科技有限公司、北京建筑大学、天津大学、西南交通大学、山东建筑大学、北京科技大学、中国农业大学和中国矿业大学(北京)多位专家教授的支持，在此表示感谢！在推广应用的过程中，本项目技术得到了北京城建集团、中建西部建设股份有限公司、北京金隅集团有限公司、中国联合水泥集团、北京建工集团、中国建筑工程总公司、中铁检测理事会、中国电建水电八局、中交一航局、中铁十六局、中铁十八局和中铁二十局的大力支持，在此表示感谢！

本书的撰写是对前辈技术发展的继承、对同辈实践的总结、对晚辈创新的开拓。中国工程院陈肇元院士先后主持了本团队研究的"新型无熟料水泥混凝土"、"纤维混凝土"和"C100高性能混凝土"三项成果的鉴定，中国工程院孙伟院士主持了"多组分混凝土理论"成果命名和鉴定，中国工程院唐明述院士主持了"高强透水混凝土"项目成果的鉴定会，这几项成果的推广应用实例全部被收录在本书中，以便于广大同行借鉴，在此对三位院士的提携和鼓励表示深深的谢意！

在此感谢长期给予我们支持的沈阳建筑大学李生庆教授、北京鸿智投资有限公司李占军教授、山东鲁筑混凝土有限公司薄超教授、中交一航局戴会生教授、天津大学李志国教授、北京建筑大学宋少民教授、中国矿业大学(北京)王栋民教授、山东建筑大学逄鲁峰教授、北京科技大学刘娟红教授、中国农业大学彭红涛教授、同济大学孙振平教授、重庆大学王冲教授、内蒙古科技大学杭美艳教授、沈阳建筑大学赵苏教授、西南交通大学李固华教授、中国联合水泥集团李杰教授、中建西部建设股份有限公司罗作球教授、中国建材南方新材料宋笑教授、金隅冀东混凝土集团王顺晴董事长、哈尔滨茂华混凝土王希波教授、中国建筑科学研究院张仁瑜研究员、中铁检测理事会安文汉教授、沈阳泰丰混凝土宋东升教授、新疆水利水电设计院李军辉教授、石家庄铁道大学要秉文教授、河南大学蔡基伟教授和张承志教授、中原工学院王爱勤教授、华新水泥混凝土容志刚教授、辽宁省建研院范文涛教授、北京灵感科技有限公司薛超工程师和王耀文高级工程师、满城宝丰混凝土有限公司孙大平董事长等。

谨以本书的出版向在全国混凝土行业学术研究和工程实践的建设者致以崇

高的敬意!

　　由于受到作者理论水平和实际经验的限制,书中难免存在不足之处,期望同行在技术交流的过程中批评指正! 各位同行可以到 www.hntkjw.com 留言,也可以发送电子邮件到 hnt_jishu@126.com,或者通过微信和电话 13501124631 联系,作者将虚心听取大家的意见并加以改进。

朱效荣　刘　泽　蒋　浩

2020 年 10 月 20 日于北京

目　　录

第1章 当前混凝土技术发展需要解决的问题

1.1 混凝土行业发展存在的问题

1.1.1 技术理论需要完善

1. 混凝土技术理论发展概况

自波特兰水泥诞生以来,水泥混凝土技术发展过程中出现了各种不同的理论,目前国际上公认的有 1918 年艾布拉姆斯(D.A.Abrams)提出的混凝土强度与水灰比之间的计算公式,1920 年格里菲思(A.A.Griffith)提出的脆性断裂理论,1930 年瑞典学者保罗米(Bolomy)提出的混凝土强度与水泥强度和水灰比之间的计算公式。这些理论对混凝土技术的发展发挥了重要的作用。中华人民共和国成立以来,我国混凝土行业得到了快速的发展。在混凝土水化机理方面,吴中伟院士提出了中心质假说。在配合比设计方面,陈建奎教授和王栋民教授提出了全计算法,朱效荣教授提出了多组分混凝土理论。这些技术理论在不同的领域得到推广和应用,满足了社会发展不同阶段的建设需求,促进了我国混凝土技术的进步。

2. 水灰比与强度之间的关系需要完善

由于经典理论创立的时候还没有外加剂,配制的混凝土强度等级都不高,只有能够成型的混凝土拌和物凝结硬化后才能够形成混凝土。这种情况下配制混凝土必须加入足量的水分,混凝土拌和物用水量越多,浆体凝固后水分蒸发形成的孔隙越多,形成的混凝土强度越低。因此得出水灰比越小,混凝土强度越高的结论。对 C40 以下的塑性混凝土而言,用于质量控制非常有效。随着工程项目对技术要求的提高,现代的混凝土已经广泛使用外加剂,特别是减水剂的大量使用,即使混凝土配制过程中加入比以前更少的水,也可以让混凝土拌和物具有很好的流动性。对于 C50 及以上混凝土,由于使用较低的水灰比,通过增加减水剂用量实现拌和物的流动,这导致混凝土拌和物黏度大,不易泵送,成型的混凝土出现早期强度高、后期强度不增长甚至倒缩的现象。因此完善理论,确立水灰比和强度之间的准确对应关系,才能更好地适应生产。

3. 用砂率控制混凝土包裹性的理念需要改变

目前使用的砂石料密度发生了很大的变化，在砂率相同的情况下，砂子和石子的体积完全不同，传统观念下合理的砂率并不能保证混凝土包裹性良好。因此改变观念，建立砂石合理用量的计算方法非常有必要。

4. 外加剂在混凝土中的功能需要准确定位

外加剂已经成为混凝土不可或缺的组分，减水剂更是已经广泛应用于预拌混凝土行业。准确地说，泵送剂属于胶凝材料的表面活性剂，主要作用是降低浆体的表面张力，使浆体变成圆球形结构，便于流动。泵送剂合理的作用是提高胶凝材料浆体的流动性，而不是用于减水。因此，准确定位外加剂在混凝土中的作用非常必要。

5. 混凝土耐久性设计的目标需要量化

由于工程项目的耐久性技术要求是明确的，在混凝土配合比设计理论中必须建立耐久性指标与设计参数的对应关系。

1.1.2 混凝土生产过程存在的问题

1. 水泥性能发生了巨大的变化

经过近三十余年的快速发展，水泥性能发生了巨大的变化：①水泥的早期强度越来越高，后期强度增长缓慢，60～90d 时水泥胶砂强度基本上没有增长甚至有所下降；②水泥越来越细，水化速度越来越快，水化放热集中，使混凝土内外温差加大，导致混凝土结构内部细微裂缝增加，增加了混凝土开裂的机会；③混合材掺量过高，使水泥的性能与传统的硅酸盐系列水泥性能大相径庭；④助磨剂的大量使用使水泥与外加剂的适应性变差。因此，在水泥的使用过程中就要研究水泥性能的改变对混凝土性能的影响。

2. 胶凝材料强度快速检测

水泥强度是混凝土强度计算的最主要来源，快速测量水泥、矿渣粉和粉煤灰的强度是保证混凝土强度的关键。由于目前混凝土企业具有生产规模大、峰值高和连续性差的特点，胶凝材料进场就直接使用的情况特别普遍，这导致许多企业在没有测量胶凝材料强度的情况下就使用了，这样就会引起生产企业对混凝土强度的失控。因此，建立快速检测水泥、矿渣粉和粉煤灰强度的方法非常必要。

3. 砂子的质量需要同步控制

当前影响混凝土质量的一个因素是砂子质量的波动，主要表现在紧密堆积密度的变化、含石率的变化、吸水率的变化以及级配的变化。砂子紧密堆积密度变化的主要原因是矿山资源的多元化、母岩密度的变化以及机制砂中石粉含量的波动。砂子含石率变化的主要原因是砂子生产、运输及堆垛过程中砂子离析。在混凝土生产过程中，铲车总是先铲取外围含粗颗粒的砂子，后使用中间细粉较多的砂子，导致混凝土生产过程中粒径 4.75mm 以上小石子的含量不同。砂子吸水率的变化主要是由制造砂子的母岩开口孔隙率不同、砂子含粉量不同以及砂子含水率不同引起的，砂子级配不好主要是由堆垛过程中砂子的离析引起的。这就要求企业建立与砂子质量变化对应的混凝土质量控制体系。

4. 外加剂与砂子的适应性问题

关于外加剂的适应性，以前指胶凝材料与外加剂的适应性，机制砂和再生骨料的大量应用，砂子中石粉含量提高，对外加剂的吸附能力增强，因此在配制混凝土的过程中不仅要解决外加剂与胶凝材料的适应性，还要解决外加剂与砂子的适应性，对混凝土研发单位、外加剂企业和混凝土生产企业提出了新的要求，需要研究解决外加剂与砂子适应性的有效措施。

5. 配合比设计的动态化

目前国内混凝土企业的生产规模都较大，每一天都会针对不同的工程项目生产不同强度等级的混凝土，因此经常出现同一批原材料生产很多品种混凝土的情况，也存在完全不同的原材料同时供应同一个工地的情况。固定配合比搞生产已经无法适应混凝土企业生产的要求，研究智能化混凝土配合比设计和生产技术，实现动态化配合比设计和动态化生产质量控制技术势在必行。

1.1.3　混凝土施工过程存在的问题

1. 混凝土拌和物坍落度损失问题

坍落度损失是混凝土施工过程中的共性问题，在以前主要是水泥、矿渣粉和粉煤灰引起的。当前由于天然砂含泥量的提高以及机制砂含粉量的增加，吸附了对应比例的外加剂，混凝土拌和物的坍落度损失变大，如何减少混凝土拌和物的坍落度损失是目前混凝土施工过程中必须解决的问题。

2. 现场二次加水必须杜绝

在施工现场进行二次加水是当前混凝土施工现场存在的通病，一种是由于混凝土工为了减少自己的劳动量引起的盲目加水，严重影响混凝土强度，另一种是由于混凝土拌和物黏度大、坍落度小以及无法泵送引起的加水。因此，准确分析施工过程中二次加水的原因，提出合理的解决方案非常必要。

1.2　解决当前混凝土技术问题的措施

1.2.1　技术理论的完善

1. 多组分混凝土理论

为了配制优质的混凝土，改善混凝土的耐久性，适应工程建设对混凝土质量的要求，解决当前混凝土行业存在的各种问题，采用多组分混凝土理论进行配合比设计和质量控制显得非常重要。多组分混凝土强度理论准确定义了水泥、掺合料、砂、石、外加剂和拌和用水量与强度的对应关系。只要检测出水泥的强度、密度、比表面积和需水量，矿渣粉、粉煤灰和硅灰的活性系数、密度、比表面积和需水量比，外加剂的减水率和掺量，砂子的紧密堆积密度、含石率、含水率、含泥量和压力吸水率，石子的堆积密度、空隙率、表观密度和吸水率，计算出胶凝材料水化形成的标准稠度浆体的强度 σ(MPa)、胶凝材料填充强度贡献率 u、硬化密实浆体在混凝土中的体积 m，就可以广泛用于多组分混凝土强度的早期推定、混凝土配合比设计、固定胶凝材料调整配合比、利用已知配合比数据设计一系列新混凝土配合比和根据砂石含泥量调整混凝土配合比。这是符合当前工程实际的混凝土技术理论。

2. 选定最佳的水胶比

根据多组分混凝土理论，水胶比与混凝土强度之间的关系以胶凝材料标准稠度用水量对应的水胶比为界限分为两个部分，当水胶比小于这个值时，随着水胶比的增加，混凝土的强度提高；当水胶比大于这个值时，随着水胶比的增加，混凝土的强度降低。胶凝材料浆体在标准稠度时，混凝土强度最高，因此在混凝土配合比设计过程中，将胶凝材料标准稠度用水量对应的水胶比定义为胶凝材料的最佳水胶比。客观地说，水泥的强度和用量决定混凝土强度，水胶比影响混凝土强度。配制混凝土时，最佳水胶比只有一个值，并且用最佳水胶比配制的混凝土浆体收缩最小，抗渗性和抗冻性最好，拆模后碳化值最小，对耐久性的改善最明显。当前大多数资料介绍的技术是混凝土水胶比大于最佳水胶比的情况，特别适应 C40 及以下强度等级的普通混凝土。对于 C50 及以上强度等级的高强混凝土，配制混凝土时胶凝材料用量较大，化学反应所需的水增加，混凝土强度增长规律符合水胶比小于最佳水胶比的情况，因此配制混凝土的过程中适当提高水胶比有利于混凝土性能的改善和强度的提高。盲目降低水胶比是错误的，过低的水胶比将会导致混凝土配制过程中用水量太少、外加剂掺量过高和混凝土拌和物黏度过大的问题，配制的混凝土早期强度高，后期强度不增长甚至倒缩，如果养护不及时，还容易造成混凝土开裂。

3. 确定最佳砂率

由于砂率是砂石用量的质量分数，属于衡器确定的数据。包裹性是体积问题，属于尺寸问题，属于量器确定的数据。当砂石技术指标符合假定的基础时，用砂率解决混凝土包裹性问题，能够满足配合比设计需要，可以通过调整砂率控制混凝土的包裹性。以前假定砂子堆积密度为(1550±100)kg/m³，而现场砂子的堆积密度为 1100~2300kg/m³，假定石子堆积密度为(1650±100)kg/m³，而现场石子的堆积密度为 1200~1800kg/m³，与假设区别很大。以前的假定基础已经不复存在，假定不能成立。在配合比设计过程中，砂石用量的计算就应该以现场检测的数据为准。砂子用量应该是用砂子的紧密堆积密度和石子的空隙率确定，石子体积用量应该是 1m³ 混凝土中扣除胶凝材料浆体体积和砂子体积之后的体积值，石子用量等于这个体积与石子表观密度的乘积，不能用假定容重和假定砂率确定。这样确定的砂率最合理，配制的混凝土匀质性最好，体积稳定性最佳，最有利于预防混凝土开裂，提高建筑物和构筑物的寿命。

4. 准确定位外加剂的功能

准确地说，混凝土泵送剂属于胶凝材料的表面活性剂，主要作用是降低胶凝材料浆体的表面张力，使浆体变成圆球形结构，提高混凝土拌和物的流动性。因此，混凝土泵送剂合理的作用是提高胶凝材料浆体的流动性，而不是用于减水。在混凝土用水量合理的情况下，为达到相同的工作性，随着胶凝材料用量的增加，外加剂的实际用量增加，但是外加剂与胶凝材料的质量分数随着胶凝材料用量的增加而降低。也就是说，配制 C20~C100 混凝土，胶凝材料用量为 300~600kg，推荐掺量为 2% 的外加剂用量为 6~12kg，外加剂合理的掺量并不是固定为 2%，而是随着胶凝材料用量的增加而降低，呈下降趋势。

5. 确定胶凝材料用量的合理范围

按照填充理论，石子是混凝土的骨架，砂子填充在石子的空隙中，胶凝材料填充在砂子的空隙中。合理的砂子体积用量等于 1m³ 石子中石子空隙的体积，合理的胶凝材料体积用量等于 1m³ 混凝土中砂子的空隙体积。符合标准的石子空隙率为 30%~45%，砂子空隙率为 35%~45%。目前配制混凝土时使用的复合胶凝材料的密度平均值为$(2850 \pm 100)\text{kg/m}^3$。

在配制混凝土的过程中，同时取空隙率最小的砂子和石子时胶凝材料 B 的用量最少，$B_{\min} = 1\text{m}^3 \times 30\% \times 35\% \times 2850\text{kg/m}^3 = 299\text{kg}$；同时取空隙率最大的砂子和石子时胶凝材料 B 的用量最多，$B_{\max} = 1\text{m}^3 \times 45\% \times 45\% \times 2850\text{kg/m}^3 = 577\text{kg}$，为了实现胶凝材料对砂石空隙的完全填充以及浆体对砂石的完全包裹，在多组分混凝土理论中确定胶凝材料用量控制在 300～600kg。

6. 确定泌水系数

在混凝土配制过程中，一直都是通过试验测量混凝土拌和物的泌水率或者压力泌水率，这是一种非常有效的方法，数据非常准确。为了实现在配制混凝土前预先计算出泌水量，在配制混凝土的过程中直接将这部分水扣除，实现混凝土拌和物不泌水，与预应力混凝土通过施加预应力预防混凝土开裂的原理一样。在这里提出了泌水系数的概念，考虑预拌混凝土最小胶凝材料用量为 300kg，在配制混凝土时，胶凝材料浆体增加，混凝土达到同样的坍落度所用的水量就会减少，这个减小的数据可以通过计算求得。如果混凝土试配使用了水泥 C、矿渣粉 K、粉煤灰 F 和硅灰 Si，定义泌水系数为

$$M_{\text{W}} = \frac{m_{\text{C}} + m_{\text{K}} + m_{\text{F}} + m_{\text{Si}}}{300} - 1 \tag{1-1}$$

7. 确定最佳的胶凝材料拌和用水量

在现场配制混凝土时，随着胶凝材料用量的增加，浆体量增多，达到同样的坍落度，混凝土用水量会减少，如果还按照标准稠度用水量拌制胶凝材料，就会出现轻微泌水，为了计算究竟能够泌出多少水，胶凝材料搅拌应该用多少水，就把胶凝材料用量中的水区分为化学反应用水量，占标准稠度用水量的三分之二，对胶凝材料而言，这个数值是固定的。黏结用水量占标准稠度用水量的三分之一，当浆体量增加时，没有凝固的浆体如同液体一样，自动下沉，在相同工作性的状态下，对浆体本身产生压力，一部分黏结水分被挤压出来，表现为泌水。在计算混凝土配合比时，化学反应的水占标准稠度用水量的三分之二不变，达到同样的黏结效果和工作性时黏结用水量会随着浆体的增加而降低，降低后黏结用水量应该是标准稠度用水量的三分之一中扣除泌水的部分。因此，计算胶凝材料拌和用水量的过程中使用化学反应的用水量采用标准稠度用水量乘以三分之二来保证化学反应正常进行，对配制超高性能混凝土(ultra-high performance concrete，UHPC)而言，这一数据显得非常重要，黏结用水量是以胶凝材料标准稠度用水量的三分之一为基准，再乘以 $1 - M_{\text{W}}$，也就是泌水后应该加入混凝土中的水分，保证黏结

效果但不会泌水。胶凝材料拌和用水量 W_1 可以用式(1-2)计算：

$$W_1 = \frac{2}{3}W_B + \frac{1}{3}W_B(1 - M_W) \qquad (1\text{-}2)$$

8. 混凝土耐久性设计原理

天然石材经久耐用，是耐久性优异的建筑材料，分析其组成可知，所有经久耐用的天然石材都具有整体性好、质地均匀和内部结构致密的特点。混凝土是一种人造的石材，要提高其耐久性，达到和天然石材一样的耐久性，就要做到浆体完全包裹砂石，使混凝土形成一个统一的整体来抵抗外力破坏，浆体和砂石的界面黏结强度较高，在外力作用下不会开裂，预防浆骨分离，浆体内部均匀、致密、稳定且无缺陷，预防侵蚀性介质的腐蚀。为了提高混凝土的整体性，实现浆体对砂石料的完全包裹，就必须确定混凝土中胶凝材料的最佳用量。为了提高混凝土质地的均匀性，防止在外力作用下浆骨分离引起混凝土开裂，就必须确定合理的配合比与生产工艺，提高界面黏结强度。为了预防侵蚀性介质渗透对混凝土的破坏，就必须通过增加混凝土浆体的密实度提高混凝土的抗渗性。

1.2.2　生产过程中各种问题的解决方法

1. 机制砂级配问题的解决方法

当前机制砂已经大量使用，在配制混凝土的过程中，大多数机制砂存在级配不合理、细度模数大、石粉含量较高的问题。机制砂级配合理的值为 0.60mm、0.30mm、0.15mm，三级分计筛余的最佳值为各 20%，对于级配不合理的情况，可以通过现场检测解决，缺什么补什么，缺多少补多少。如果机制砂中 0.075mm以下细石粉含量小于 20%，最好不要考虑用这部分石粉代替胶凝材料，而应该考虑砂子合理的预湿用水量，具体方法就是采用压力吸水的方法测出砂子的压力吸水率，将砂子的预湿用水量控制在这个合理值就行。如果机制砂中小于 0.075mm的石粉含量大于 20%，就考虑适当增加 0.60mm、0.30mm、0.15mm 三级分计筛余的砂子，也可以适当掺加中粗砂，降低砂子中细石粉的比例。因为石粉是磨细的石子，属于非活性材料，一般没有化学反应活性，只有填充效应，所以不要当作胶凝材料使用。在混凝土配合比设计和试配过程中将机制砂根据需水量直接预湿，就可以配制出工作性良好的混凝土拌和物，保证了混凝土拌和物的匀质性和顺利施工，实现混凝土强度的一致性，保证混凝土结构的安全和耐久性。

2. 外加剂物理分散消耗量的确定

在混凝土的配制过程中，外加剂是溶解于水的。由于胶凝材料参与化学反应需要一部分水，浆体形成整体还需要一部分黏结水。在混凝土的搅拌过程中，这些水分进入胶凝材料的过程中外加剂也随着水分分散开来，通过用水量就可以计算得到外加剂的消耗量，这部分外加剂在表面张力作用下的分散作用增加了胶凝材料浆体的流动性。砂石在搅拌过程中润湿的过程是一个吸水的过程，砂石吸附的水分使一部分外加剂进入砂石的孔隙，这些外加剂没有起到增加混凝土拌和物流动性的作用，通过用水量就可以计算得到外加剂的消耗量，这些外加剂被浪费掉了，因此多组分混凝土理论建议将砂石骨料用水预湿。

3. 外加剂化学反应消耗量的确定

在搅拌和运输的过程中，由于胶凝材料的化学反应会消耗一定量的外加剂，砂石中有活性的细粉也可以与外加剂发生化学反应从而消耗一定量的外加剂，这种由化学反应引起的外加剂减少在生产和运输过程中表现为坍落度损失。

为了准确判定胶凝材料化学反应对外加剂的消耗，在确定外加剂掺量时用胶凝材料的标准稠度用水量进行测量，使外加剂和胶凝材料充分接触，达到最佳的效果。当复合胶凝材料的标准稠度用水量变化时，配制混凝土的用水量也要改变，这样胶凝材料对外加剂的物理吸附就不会变。当胶凝材料的标准稠度用水量改变而检测用水量不变时，必然会引起外加剂掺量的变化。只要胶凝材料品种发生改变，胶凝材料的标准稠度用水量就要改变，调整对应的用水量，外加剂的掺量基本可以保持不变。在胶凝材料净浆流动扩展度一定的条件下，测量流动扩展度损失，补充外加剂，增加流动扩展度达到初始值，就可以确定胶凝材料化学反应消耗的外加剂量。对 UHPC 而言，外加剂对增加混凝土流动性的作用更加重要。

砂石中细粉与外加剂的反应与胶凝材料一样，测试方法就是先将砂石料预湿到表面润湿状态，拌制得到设计坍落度的混凝土拌和物，测量坍落度损失，补充外加剂，增加坍落度达到初始值，就可以确定砂石中细粉化学反应消耗的外加剂量。

4. 提高界面黏结强度的措施

为了将砂石和胶凝材料黏结成一个完整的整体，使混凝土质地均匀连续，在外力作用下浆体和骨料不出现分离，就必须提高浆体和砂石界面的黏结强度。提高浆体黏结力的主要措施就是在配合比设计过程中给予胶凝材料适当的水分，让胶凝材料在拌和均匀后形成黏度较大的浆体，实现浆体与砂石黏结牢固。砂石是混凝土中体积最大的组成材料，为了提高砂石与浆体之间的黏结强度，可以采取的有效措施就是预湿骨料。先用水将砂石表面冲洗干净，使砂石表面露出凹凸不平的界面，同时让砂石表面的孔隙充满水分，达到表面润湿状态。在成型过程中浆体到达凹凸不平的砂石表面时，能够填充这些凹凸不平的位置，在浆体凝固后，浆体和砂石在凹凸部位形成强大的咬合力，牢牢地将浆体和砂石黏结成一个完整的整体；部分没有发生水化反应的胶凝材料与砂石孔隙中的水分发生水化反应，形成的水化产物像楔子一样紧密结合在砂石上，使砂石和浆体的黏结强度提高。因此，多组分混凝土理论建议在混凝土试配和生产过程中采用预湿骨料技术。

5. 提高胶凝材料浆体密实度的措施

在工作状态下混凝土暴露在外的是浆体，侵蚀性介质对混凝土的破坏主要表现为渗透引起的各种损害。为了有效预防溶解于水的侵蚀性介质对混凝土的破坏，就必须提高包裹砂石的浆体的密实度以提高混凝土的抗渗性。提高浆体密实度最佳的途径就是控制胶凝材料拌和用水量，使配制混凝土使用的浆体达到标准稠度状态。这些水分一部分用于胶凝材料的水化，变成固体，增加混凝土的密实度。另一部分起到黏结水化产物的作用，在浆体固化后蒸发，形成直径 0.4nm 的孔隙，由于水分蒸发引起混凝土体积收缩，这些孔隙直径变小，小于 0.4nm。当混凝土处于潮湿环境或者浸水环境时，由于水分子直径大于孔隙直径，溶解于水中的侵蚀性溶质分子无法渗入混凝土，实现了混凝土的高抗渗性，改善了混凝土的耐久性。对于 UHPC，由于没有黏结水分，其密实度更高，抗渗性更好。

为了提高浆体的密实度，建议以标准稠度用水量作为拌和胶凝材料的计算基准。在配制混凝土的过程中，如果胶凝材料用水量小于标准稠度用水量，配制的混凝土拌和物由于水分不足、黏度过大，成型的混凝土内部存在没有充分反应的胶凝材料而整体性不好，容易引起混凝土开裂，降低了混凝土的强度和抗渗性。在配制混凝土的过程中，如果胶凝材料用水量大于标准稠度用水量，配制的混凝土拌和物由于用水量过大，引起混凝土拌和物离析，成型的混凝土内部存在大量多余水分，在浆体凝固后水分蒸发，形成大量的开口孔隙，导致混凝土密实度降低，使混凝土的强度和抗渗性降低。

为了预防分子直径小于 0.4nm 的侵蚀性材料对混凝土的渗透破坏，可以在混凝土配合比设计的过程中加入免养护剂、聚合物或者硫磺，通过免养护剂、聚合物和硫磺的渗透结晶堵塞浆体中的贯通孔隙，提高混凝土的抗渗透能力，改善混凝土的耐久性。

1.2.3　混凝土施工问题的解决方法

1. 实现混凝土良好工作性的原理

目前使用的大流动性混凝土属于悬浮结构，为了满足现场施工，实现混凝土良好的工作性，在配合比设计时主要解决混凝土拌和物的匀质性。当混凝土中的水泥混合砂浆特别均匀时，石子悬浮于水泥混合砂浆中，砂浆在流动的过程中带动石子一起流动。而石子是否能够均匀稳定地悬浮于水泥混合砂浆之中，从物理学的角度看，当石子受到的浮力等于石子重力时，石子就不会下沉，因此配制混凝土时主要考虑水泥混合砂浆形成的浆体对石子的浮力。由于混凝土中石子的密度是固定的，主要通过调整浆体的密度和黏度实现浆体对石子的悬浮。合理的水泥混合砂浆密度和黏度是保证石子悬浮的必备条件，而连续均匀稳定的水泥混合砂浆是保证混凝土好的工作性、合适的强度、良好耐久性的关键。大流动性混凝土的几何模型不同于紧密堆积模型，其中砂浆体系需要给石子提供的应该是浮力。对于固定强度等级的混凝土，水泥混合砂浆胶砂比是一个定值，外加剂的加入(特别是引气剂)通过调整黏稠度和密度，保证石子悬浮于水泥混合砂浆之中，这是配制优质混凝土的核心所在。

2. 混凝土拌和物的最佳状态

优质的预拌混凝土应该达到自密实状态，石子在混凝土拌和物中是"悬浮"状态且均匀分布，外观看起来表面有光泽，石子不沉底，浆体不分离。成型后的试件在初凝前收面时用食指伸进混凝土拌和物中，指甲盖刚好没入混凝土浆体时，指头肚可以明显感觉到石子悬浮于浆体中，浆体厚度为5mm，砂子表面粘1~2mm胶凝材料浆体，指头肚正好能够摸到石子。这样的混凝土匀质性正好，不离析，不分层，成型过程基本不用振捣，凝固后混凝土强度最高，抗渗、抗冻指标最佳。混凝土总胶凝材料用量与混凝土配制强度成正比。胶凝材料与外加剂的相容性检测时外加剂掺量以标准稠度对应的水量检测得到的数据为准。外加剂不能用于减水，只用于增加流动性。坍落度和坍落度损失的控制通过外加剂和胶凝材料现场试验确定。砂石的用水量按照砂石达到表面润湿时本身的吸水率确定。这样就可以准确建立胶凝材料、水和外加剂的量之间的对应关系。混凝土行业最大的一个误区就是让外加剂减水，在混凝土配合比设计中外加剂的合理功能是增加流动性。当混凝土配合比合理时，胶凝材料提供强度和包裹骨料的作用，表面润湿的砂石提供骨架作用，水起到化学反应和黏结作用，外加剂起到增加流动性、改善耐久性的作用。正常的混凝土如同一个正常的人，胶凝材料浆体和肉一样，砂石像骨头一样，拌和水就像身体里的血液一样，合理的量是最佳值，外加剂如同血液中的微量元素。一个正常的人不需要减肥，配合比合理的混凝土不需要减水。正常的人减肥过度就会头晕、眼花，减肥达到骨感时由于营养不良而走不动路，严重影响身体健康。正常的混凝土中外加剂合理的作用是增加流动性、改善耐久性，外加剂一旦发挥减水作用，增加的外加剂就会像正常人吃了减肥药一样，引起混凝土拌和物离析、抓地、扒底和粘罐堵泵的情况，同时影响强度和耐久性。对于UHPC，外加剂超掺会引起混凝土长时间不凝固，严重影响脱模和施工进度。

3. 优质混凝土的质量目标

在工作性方面，优质的预拌混凝土拌和物浆体饱满，质地均匀稳定，无分层和离析现象，泵送前后状态一致，能够顺利实现自密实自流平。在强度方面，混凝土拌和物凝固后表面光洁，无明显的外观缺陷，硬化后无收缩裂缝，碳化值很小，回弹测试不同部位的强度值均匀稳定，抗压检测平均值达到设计值，均方差小于 1MPa，数据无离散性。在耐久性方面，抗渗指标达到 P12 以上，抗冻指标达到 F300 以上。混凝土质量的控制是一个系统的工程，只有准确检测原材料技术参数，科学设计配合比，采用合理的生产工艺，才可以配制出工作性满足施工需求、强度满足承载要求、耐久性满足使用全寿命周期的优质混凝土。

4. 混凝土养护新技术

混凝土在初凝后覆膜养护是预防混凝土开裂、保证混凝土强度增长的重要措施，在施工过程中发挥了重大的作用。但是针对高铁、路桥和机场等超大超高的建筑物和构筑物，覆膜技术操作比较困难，因此建议使用内养护技术。作者提出的免养护思路是在混凝土生产过程中直接加入一种不溶于水的树脂，这种树脂与胶凝材料不发生化学反应，不影响混凝土的工作性，单方混凝土掺量为 0.5～1kg，加入后不影响混凝土强度。当混凝土凝固后能够渗透到混凝土表面，遇见空气形成一层薄膜并固化，阻止水分挥发，使混凝土配合比设计的水分完全封闭在混凝土中，不需要浇水养护。一方面预防水分蒸发引起的收缩导致的开裂，提高了耐久性；另一方面提高了混凝土的化学反应程度，使混凝土水化反应更加均匀地进行，提高了混凝土内核的强度与反应产物的均匀程度，改善了混凝土的耐久性。

1.2.4　多组分混凝土配合比设计方法的特点

1. 具有较宽的适用范围

以前的混凝土配合比设计是根据所需要的强度由水胶比定则计算出水胶比，再由用水量来确定胶凝材料用量。一般来说，对于不同强度等级的混凝土，用水量变化不大，但水胶比变化很大。这将造成低强度等级混凝土由此计算出的胶凝材料用量太少，而高强度等级混凝土计算出的胶凝材料用量太多。因此，传统的方法适用范围较窄。本书方法由于利用的是胶凝材料的最佳水胶比，根据混凝土设计强度等级与水泥的强度贡献之间的量化计算，结合掺合料的活性系数直接确定胶凝材料用量，采取分段计算方法，对于不同的强度等级段采取不同的计算方法，因而有较宽的适用范围，特别适用于 C10～C100 的各种高性能混凝土配合比设计以及 UHPC 配合比设计。

2. 充分体现了矿物掺合料和化学外加剂的作用

矿物掺合料和化学外加剂已经成为现代混凝土不可缺少的组分，一种好的混凝土配合比设计方法必须能够体现这些组分的作用。在本书方法中，从两个方面来反映这些组分对混凝土性能的贡献：一是通过对混凝土用水量的影响来体现这些组分的作用。当混凝土用水量确定时，以水泥标准稠度用水量为基准，考虑到减水剂对混凝土工作性的影响主要是增加流动性，扣除了泌水所能减少的水，不仅对于水泥可以如此，对于矿物掺合料也可以采取类似的方法处理，如通过矿物掺合料需水量比来增减混凝土的用水量。二是通过活性系数和填充系数来反映矿物掺合料的作用。通过这些来反映矿物掺合料和化学外加剂的作用，不仅能够满足普通工程混凝土配合比设计计算，也适应 UHPC 配合比设计计算。

3. 保持较稳定的浆体体积率

浆体体积率对混凝土的诸多性能都有十分显著的影响，太多或太少的浆体含量都不合适。本书方法采取分段确定胶凝材料用量的方法来控制混凝土中的浆体体积率，特别是对于低强度等级混凝土，采取控制胶凝材料总量基本不变，以矿物掺合料掺量来调节混凝土的强度，有效地避免了低强度等级混凝土浆体含量太少的问题。对于高强度等级混凝土，增加超细掺合料的份额，以防止混凝土浆体含量太多。对于 UHPC，通过增加石英粉和石英砂保持混凝土体积的稳定性和混凝土内部结构的匀质性，这对协调混凝土其他性能有着很大的作用。

1.3　混凝土原材料技术常用专业术语

1.3.1　水泥常用专业术语

硅酸盐水泥熟料是指由主要含 CaO、SiO_2、Al_2O_3、Fe_2O_3 的原料按适当比例磨成细粉烧至部分熔融得到的以硅酸钙为主要矿物成分的水硬性胶凝物质。其中硅酸钙矿物含量(质量分数)不小于 66%，氧化钙和氧化硅质量比不小于 2%。

通用硅酸盐水泥是指以硅酸盐水泥熟料和适量的石膏，以及规定的混合材料磨细制成的水硬性胶凝材料。

水泥强度是指水泥胶砂硬化试件所能承受外力破坏的能力，用 MPa(兆帕)表示，是水泥重要的物理力学性能之一。

硅酸盐水泥强度等级是指按规定龄期的抗压强度和抗折强度划分为 42.5、42.5R、52.5、52.5R、62.5、62.5R 六个强度等级(注：R 表示早强型(主要是 3d 强度比同强度等级水泥高))。

矿渣硅酸盐水泥、火山灰硅酸盐水泥、粉煤灰硅酸盐水泥、复合硅酸盐水泥强度等级是按规定龄期的抗压强度和抗折强度划分为：32.5、32.5R、42.5、42.5R、52.5、52.5R 六个强度等级。

硅酸盐水泥和普通硅酸盐水泥的细度以比表面积表示，其比表面积不小于 300m²/kg；矿渣硅酸盐水泥、火山灰硅酸盐水泥、粉煤灰硅酸盐水泥和复合硅酸盐水泥的细度以筛余表示，其 80μm 方孔筛筛余不大于 10%或 45μm 方孔筛筛余不大于 30%。

水泥凝结时间是指水泥从加水开始到失去流动性即从可塑状态发展到固体状态所需要的时间。水泥凝结时间又分为初凝时间和终凝时间。

水泥初凝时间是指从水泥加水拌和到水泥浆体达到人为规定的某一可塑状态所需的时间。初凝时间表示水泥浆体开始失去可塑性并凝聚成块，此时不具有机械强度。

水泥终凝时间是指从水泥加水拌和到水泥浆体完全失去可塑性，达到人为规定的某一较致密的固体状态所需的时间。它表示胶体进一步紧密并失去其可塑性，产生了机械强度，并能抵抗一定的外力。

硅酸盐水泥初凝时间不小于 45min，终凝时间不小于 390min。

水泥安定性亦称水泥体积安定性，是水泥质量的重要指标之一，反映水泥在凝结硬化过程中体积变化的均匀情况。水泥中如含有过量的游离石灰、氧化镁或三氧化硫，在凝结硬化时会发生不均匀的体积变化，出现龟裂、弯曲、松脆和崩溃等不安定现象。《通用硅酸盐水泥》(GB 175—2007)规定，水泥安定性采用沸煮法检测合格，是通过测定水泥标准稠度净浆在雷氏夹中沸煮后试针的相对移动表征其体积膨胀的程度。《水泥标准稠度用水量、凝结时间、安定性检验方法》(GB/T 1346—2011)规定，水泥安定性可采用雷氏法和试饼法测定。后者是通过观测水泥标准稠度净浆试饼沸煮后的外形变化情况表征其体积安定性。

水泥标准稠度表示水泥净浆的稀稠程度，是水泥净浆达到标准稠度时的用水量与水泥质量之比。水泥净浆中加水过多就变稀，太稀抹涂时易流淌；净浆中加水过少就变稠，太稠抹涂时不易抹平。

水泥标准稠度用水量是指水泥净浆达到标准稠度时的用水量，它是水泥净浆需水性的一种反应，用 100g 水泥需用水的毫升数(%)表示。

水泥密度是指试样在干燥条件下水泥单位体积的质量，单位是 kg/m³。普通硅酸盐水泥的密度通常需要按照标准进行测量。测量方法有李氏法和气体排代法。

比表面积是指单位质量的水泥颗粒所具有的表面积，单位是 m²/kg。

化学反应用水量是指水泥基材料发生水化反应而成为固体水化物的化学结合水。

水泥黏结用水量是指没有参与水化反应而仅用于黏结水化产物的拌和水。

水灰比是指拌和水泥的用水量与水泥用量的质量比值。

最佳水灰比是指配制混凝土过程中，水泥浆体强度最高时对应的水灰比。

孔隙率是指水泥浆体中孔的体积与水泥浆体的总体积之比。

水泥净浆流动度是指在规定的试验条件下，水泥浆体在玻璃平面上自由流淌的直径。

1.3.2 粉煤灰常用专业术语

粉煤灰是指热电厂粉煤炉烟道气体中收集的粉末。

对比样品是指符合《强度检验用水泥标准样品》(GSB 14-1510—2008)的样品。

试验样品是指对比样品和被检验粉煤灰按 7：3 质量比混合而成的胶凝材料。

对比胶砂是指对比样品与《中国 ISO 标准砂》(GSB 08-1337—2020)按 1：3 质量比混合而成的水泥试验胶砂。

试验胶砂是指试验样品与《中国 ISO 标准砂》(GSB 08-1337—2020)按 1：3 质量比混合而成的胶凝材料试验胶砂。

粉煤灰对比胶砂强度是指掺粉煤灰试验样品的抗压强度值。

粉煤灰活性指数是指测定试验胶砂和对比胶砂的抗压强度，二者的抗压强度值之比。

粉煤灰活性系数是指同样质量的粉煤灰产生的抗压强度与对比试验水泥抗压强度的比值。

粉煤灰填充系数是指粉煤灰的比表面积与表观密度的乘积除以对比试验水泥的比表面积与表观密度的乘积所得的商的二次方根。

粉煤灰比表面积是指单位质量的粉煤灰颗粒所具有的表面积，单位是 m^2/kg。

粉煤灰密度是指试样在干燥条件下粉煤灰单位体积的质量，单位是 kg/m^3。

粉煤灰的需水量比是指试验胶砂和对比胶砂的流动度达到规定流动度范围时的加水量之比。

1.3.3 矿渣粉常用专业术语

对比样品是指符合《强度检验用水泥标准样品》(GSB 14-1510—2018)的样品。

试验样品是指对比样品和被检验矿渣粉按 1：1 质量比混合而成的胶凝材料。

对比胶砂是指对比样品与《中国 ISO 标准砂》(GSB 08-1337—2020)按 1：3 质量比混合而成的水泥试验胶砂。

试验胶砂是指试验样品与《中国 ISO 标准砂》(GSB 08-1337—2020)按 1：3

质量比混合而成的胶凝材料试验胶砂。

矿渣粉对比胶砂强度是指掺矿渣粉试验样品的抗压强度值。

矿渣粉活性指数是指测定试验胶砂和对比胶砂的抗压强度，二者的抗压强度值之比。

矿渣粉活性系数是指同样质量的矿渣粉产生的抗压强度与对比试验水泥抗压强度的比值。

矿渣粉填充系数是指矿渣粉的比表面积与表观密度的乘积除以对比试验水泥的比表面积与表观密度的乘积所得商的二次方根。

矿渣粉比表面积是指单位质量的矿渣粉颗粒所具有的表面积，单位是 m²/kg。

矿渣粉密度是指试样在干燥条件下矿渣粉单位体积的质量，单位是 kg/m³。

矿渣粉的需水量比是指试验胶砂和对比胶砂的流动度达到规定流动度范围时的加水量之比。

1.3.4　超细硅灰常用专业术语

对比样品是指符合《强度检验用水泥标准样品》(GSB 14-1510—2020)的样品。

试验样品是指对比样品和被检验硅灰按 9∶1 质量比混合而成的胶凝材料。

对比胶砂是指对比样品与《中国 ISO 标准砂》(GSB 08-1337—2020)按 1∶3 质量比混合而成的水泥试验胶砂。

试验胶砂是指试验样品与《中国 ISO 标准砂》(GSB 08-1337—2020)按 1∶3 质量比混合而成的胶凝材料试验胶砂。

硅灰对比胶砂强度是指掺硅灰试验样品的抗压强度值。

硅灰活性指数是指测定试验胶砂和对比胶砂的抗压强度，二者的抗压强度值之比。

硅灰活性系数是指同样质量的硅灰产生的抗压强度与对比试验水泥抗压强度的比值。

硅灰填充系数是指硅灰的比表面积与表观密度的乘积除以对比试验水泥的比表面积与表观密度的乘积所得商的二次方根。

硅灰比表面积是指单位质量的硅灰颗粒所具有的表面积，单位是 m²/kg。

硅灰密度是指试样在干燥条件下硅灰单位体积的质量，单位是 kg/m³。

硅灰的需水量比是指试验胶砂和对比胶砂的流动度达到规定流动度范围时的加水量之比。

1.3.5　石灰石粉常用专业术语

对比样品是指符合《强度检验用水泥标准样品》(GSB 14-1510—2020)的样品。

试验样品是指对比样品和被检验石灰石粉按 8∶2 质量比混合而成的胶凝

材料。

石灰石粉对比胶砂强度是指掺石灰石粉试验样品的抗压强度值。

石灰石粉活性指数是指测定试验胶砂和对比胶砂的抗压强度，二者的抗压强度值之比。

石灰石粉活性系数是指同样质量的石灰石粉产生的抗压强度与对比试验水泥抗压强度的比值。

石灰石粉填充系数是指石灰石粉的比表面积与表观密度的乘积除以对比试验水泥的比表面积与表观密度的乘积所得商的二次方根。

石灰石粉比表面积是指单位质量的石灰石粉颗粒所具有的表面积，单位是m^2/kg。

石灰石粉密度是指试样在干燥条件下石灰石粉单位体积的质量，单位是kg/m^3。

石灰石粉的需水量比是指试验胶砂和对比胶砂的流动度达到规定流动度范围时的加水量之比。

1.3.6　外加剂常用专业术语

减水剂是指在混凝土拌和物坍落度基本相同的条件下，能减少拌和用水量的外加剂。

减水率是指在混凝土拌和物坍落度基本相同时，不掺减水剂的混凝土和掺有减水剂的受检混凝土单方用水量之差与不掺减水剂混凝土单方用水量之比，用来表征减水剂的作用效果。

引气剂是指在混凝土搅拌过程中能引入大量均匀分布、稳定而封闭的微小气泡且能保留在硬化混凝土中的外加剂。

缓凝剂是指能够延长混凝土凝结时间的外加剂。

促凝剂是指能够缩短混凝土拌和物凝结时间的外加剂。

含气量是指单位体积中空气占混凝土的体积分数。

临界减水率是指外加剂达到标准规定合格值时对应的减水率。

临界掺量是指外加剂达到临界减水率时对应的掺量。

饱和减水率是指外加剂所能达到的最大减水率。

饱和掺量是指外加剂达到最大减水率时对应的掺量。

掺量是指外加剂占水泥或者总胶凝材料的质量分数。

推荐掺量是指由外加剂企业根据试验结果确定的、推荐给使用方的外加剂掺量范围。

早强剂是指能够加速混凝土早期强度发展的外加剂。

速凝剂是指能使混凝土迅速凝结硬化的外加剂。

增稠剂是指能够提高混凝土拌和物黏度的外加剂。

减缩剂是指能够减少混凝土收缩的外加剂。

防冻剂是指能够使混凝土在负温下硬化，并在规定养护条件下达到预期性能与足够防冻强度的外加剂，是一种能在低温下防止物料中水分结冰的物质。

养护剂又称养生液，是一种高分子涂膜材料，喷洒在混凝土表面后固化，形成一层致密的薄膜，使混凝土表面与空气隔绝，防止水分过快蒸发，保证混凝土有较好的保水养生条件。

内养护剂是一种在混凝土搅拌时加入的，含有吸水保水组分材料，能够提供混凝土水化过程中所需水分，提高混凝土的强度和耐久性能的外加剂。

先掺法是指在混凝土搅拌过程中外加剂先于拌和水加入搅拌机进行搅拌的掺加方法。

同掺法是指在混凝土搅拌过程中将外加剂与水同时加入搅拌机中进行搅拌的掺加方法。

后掺法是指在混凝土搅拌过程中先将混凝土加水搅拌均匀后掺加外加剂的掺加方法。

泵送剂是指改善混凝土泵送性能的外加剂。

1.3.7　砂子常用专业术语

筛余是砂子细度的表示方法，一定质量的砂子在标准筛上筛分后留在筛上部分的质量比(%)。

砂子的分计筛余是指各号筛中所余的砂质量占砂样总质量的百分数。

细度模数是表征砂子粒径粗细程度及类别的指标。细度模数越大，表示砂越粗。

砂子含水率是指砂子含水的质量占砂子质量的比率。

砂子含泥量是指砂中公称粒径小于 $80\mu m$ 的颗粒含量。

石粉含量是指机制砂中公称粒径小于 $80\mu m$，且其矿物组成和化学成分与被加工母岩相同的颗粒含量。

砂子堆积密度是指砂子在自然堆积状态下单位体积的质量。

砂子紧密堆积密度是指砂子按规定方法压实后单位体积的质量。

砂子含石率是指砂子所含粒径大于 5mm 的颗粒物的质量占砂子质量的比率。

天然砂是指由自然风化、水流搬运和分选、堆积形成的，粒径小于 4.75mm 的岩石颗粒，但不包括软质岩、风化岩石的颗粒。

机制砂是指由机械破碎、筛分制成的，粒径小于 4.75mm 的岩石颗粒，但不包括软质岩、风化岩石的颗粒。

再生骨料是指由尾矿、工业固废和建筑固废加工制备的用于混凝土生产的骨料,统称为混凝土再生骨料,简称再生骨料。

压力吸水率是指按照规定方法称取一定量的再生细骨料,用水浸泡至用手可以捏出水分的状态,然后按规定压力加压挤出多余水分后砂子含水的质量占所称取砂子质量的比率。

砂子的合理用水量是指润湿砂子时不影响混凝土强度的用水量。

1.3.8　石子常用专业术语

石子级配是指石子各级粒径颗粒的分布情况。

石子堆积密度是指石子在自然堆积状态下单位体积的质量。

石子空隙率是指石子在自然堆积状态下单位体积中所有空隙的体积占总体积的百分比。

石子吸水率是指石子达到表面润湿状态时石子含水的质量占石子质量的百分比。

石子表观密度是指石子的质量与表观体积之比,表观体积指石子体积加闭口孔隙体积。

石子压碎指标是指石子抵抗压碎的能力。它是按规定试验方法测得的被压碎碎屑的质量与试样总质量之比,以百分数表示。

石子含泥量是指卵石、碎石中原粒径小于 $75\mu m$ 的颗粒含量。

泥块含量是指卵石、碎石中原粒径大于 4.75mm,经水浸洗、手捏后粒径小于 2.36mm 的颗粒含量。

1.4　混凝土技术指标常用专业术语

1.4.1　混凝土工作性常用专业术语

胶凝材料标准稠度用水量是指使胶凝材料浆体达到标准稠度时拌和胶凝材料的用水量。

混凝土拌和用水量是指配制混凝土过程中使用的水的质量,分为胶凝材料拌和用水量、砂子润湿用水量和石子润湿用水量三部分。

名义水胶比是指混凝土拌和用水量与胶凝材料质量的比值。

有效水胶比是指胶凝材料拌和用水量与胶凝材料质量的比值。

最佳水胶比是指配制混凝土过程中胶凝材料浆体强度最高时对应的水胶比。

基准坍落度混凝土是指用标准稠度的胶凝材料浆体和表面润湿的砂石混合形成的初始坍落度在 50～80mm 的混凝土拌和物。

泌水系数是指在混凝土的配制过程中,胶凝材料的用水量基准为标准稠度用水量，混凝土拌和物随着胶凝材料用量的增加，由于浆体的量增加，达到同样坍落度所使用的水量小于标准稠度用水量，按照基准用水量配制的混凝土拌和物达到同样的坍落度时静置一段时间表现为泌水，为了准确计算泌水量，定义泌水系数，其计算公式见式(1-1)。

胶凝材料拌和用水量是指在混凝土配制过程中拌和胶凝材料所使用的合理水量，其计算公式见式(1-2)。

坍落度是指用一个上口 100mm、下口 200mm、高 300mm 的喇叭状金属桶灌入混凝土，分三次填装，每次填装后用捣锤沿桶壁均匀由外向内击 25 下，捣实后，抹平。然后拔起桶，混凝土因自重产生坍落现象，用桶高(300mm)减去坍落后混凝土最高点的高度，称为坍落度。这是混凝土和易性的测定方法，用于判断施工能否正常进行。

扩展度是指当混凝土拌和物的坍落度大于 220mm 时，用钢尺测量混凝土扩展后最终的最大直径和最小直径，在这两个直径之差小于 50mm 的条件下，用其算术平均值作为坍落扩展度值。

离析是指混凝土拌和物组成材料之间的黏聚力不足以抵抗粗骨料下沉，混凝土拌和物成分相互分离，造成内部组成和结构不均匀的现象。

泌水是指混凝土在运输、泵送、振捣的过程中出现粗骨料下沉、水分上浮的现象。泌水是混凝土拌和物工作性的一个重要指标。

泌水量是指混凝土拌和物单位面积的平均泌水量。

泌水率是指泌水量与混凝土拌和物含水量之比。

排空时间是指将混凝土拌和物装入距地面一定高度的固定好的 V 形漏斗仪或倒置的坍落度筒中，测定混凝土拌和物从底部全部流出所需要的时间，以此作为评价混凝土拌和物流动速度及黏聚性能的指标。若排空时间小于 5s，则混凝土拌和物可能要离析，若排空时间大于 25s，则混凝土拌和物过黏。

凝结时间是指混凝土由塑性状态过渡到硬化状态所需的时间。

初凝时间是指混凝土从加水开始到贯入阻力达到 3.5MPa 所需要的时间。

终凝时间是指混凝土从加水开始到贯入阻力达到 28MPa 所需要的时间。

含气量是指混凝土中气泡的体积与混凝土总体积的比值，用百分数表示。

表观密度是指硬化混凝土烘干试件的质量与表观体积之比。表观体积是硬化混凝土固体体积加闭口孔隙体积。

坍落度损失是指混凝土初始坍落度与某一特定时间的坍落度保留值的差值。

1.4.2　力学性能指标常用专业术语

标准养护是指混凝土试件在温度为(20±2)℃、相对湿度在 95%以上的环境中养护。

抗压强度是指立方体试件单位面积上所能承受的最大压力。

轴心抗压强度是指棱柱体试件轴向单位面积上所能承受的最大压力。

静力受压弹性模量是指棱柱体试件或圆柱体试件轴向承受一定压力时，产生单位变形所需要的压力。

劈裂抗拉强度是指立方体试件或圆柱体试件上下表面中间承受均布压力劈裂破坏时，压力作用在竖向平面内产生近似均匀分布的极限拉应力。

抗折强度是指混凝土试件小梁承受弯矩作用折断破坏时混凝土试件表面所承受的极限拉应力。

抗剪强度又称剪切强度，是材料剪断时产生的极限强度，反映材料抵抗剪切滑动的能力，在数值上等于剪切面上的切向应力值，即剪切面上形成的剪切力与破坏面积之比。剪切分单剪和双剪两种形式，在双剪的情况下，破坏面积是试件横截面面积的 2 倍。

静弹性模量是用静力法(加静荷载的方法)测得的弹性模量。

1.4.3　耐久性指标常用专业术语

混凝土的耐久性是指混凝土在实际使用条件下抵抗各种破坏因素的作用，长期保持强度和外观完整性的能力。混凝土耐久性是指结构在规定的使用年限内，在各种环境条件作用下，不需要额外的费用加固处理而保持其安全性、正常使用和可接受的外观能力。

抗渗性是指混凝土材料抵抗压力水渗透的能力。抗水渗透试验有两种方法：①渗水高度法，用于测定混凝土在恒定水压力下的平均渗水高度来表示的混凝土抗水渗透性能；②逐级加压法，用于通过逐级施加水压力来测定以抗渗等级来表示的混凝土抗水渗透性能。

抗冻性是指混凝土在饱和状态下遭受冰冻时抵抗冰冻破坏作用而不破坏的性质。

混凝土抗冻标号是指用慢冻法测得的最大冻融循环次数来划分的混凝土抗冻性能等级。

混凝土抗冻等级是指用快冻法测得的最大冻融循环次数来划分的混凝土抗冻性能等级。

电通量是指用通过混凝土的电通量来反映混凝土抗氯离子渗透性能。

抗硫酸盐等级是指用抗硫酸盐侵蚀试验方法测得的最大干湿循环次数来划分的混凝土抗硫酸盐侵蚀性能等级。

早期抗裂试验是指用于测试混凝土试件在约束条件下的早期抗裂性能。

收缩是指在混凝土凝结初期或硬化过程中出现的体积缩小现象。一般分为塑性收缩(又称沉缩)、化学收缩(又称自身收缩)、干燥收缩及碳化收缩，较大的收缩会引起混凝土开裂。

　　混凝土碳化是空气中 CO_2 气体通过硬化混凝土细孔渗透到混凝土内，与其碱性物质 $Ca(OH)_2$ 发生化学反应后生成 $CaCO_3$ 和水，使混凝土碱性降低的过程。

　　氯离子扩散系数表示氯离子在混凝土中从高浓度区向低浓度区扩散速率的参数。

　　碱集料反应是指水泥、外加剂等混凝土构成物及环境中的碱与集料中的碱活性物质在潮湿环境下缓慢发生并导致混凝土开裂破坏的膨胀反应。

　　徐变是指混凝土在荷载保持不变的情况下随时间而增长的变形。

第2章 混凝土强度早期推定计算方法及工程应用

2.1 混凝土强度早期推定计算方法

2.1.1 概述

1. 混凝土施工现状

在混凝土施工过程中，由于天气或者其他原因，经常出现混凝土早期强度发展较慢，影响工程项目的施工进度。为保证质量和施工进度，有的企业直接将混凝土拆除，但是经过检测，混凝土试件28d强度都是合格的，这样就会给企业带来很大的经济损失。为了减少损失，有的企业一直等待混凝土后期强度增长，但是最终混凝土实体28d强度却不合格，为了达到设计要求，只能采取加固或者拆除的方案，同样给企业造成巨大的经济损失。如果能够在早期判定混凝土强度是否合格，准确有效地决定混凝土是拆除还是保留，一方面能够保证工程质量，另一方面不会影响施工进度，减少企业的经济损失。

2. 混凝土强度早期推定的必要性

从本质上讲，混凝土强度早期推定就是通过混凝土实际配合比推定实体混凝土强度，多组分混凝土理论建立了混凝土各种原材料与强度之间的对应关系，是混凝土强度早期推定的理论基础。建设工程行业《早期推定混凝土强度试验方法标准》(JGJ/T 15—2021)是目前仅有的一部混凝土强度早期推定标准，其中的扭矩快测法是以多组分混凝土理论为基础建立的强度推定方法，经过近二十多年的使用验证，效果很好，在预拌混凝土企业得到广泛应用。但是由于现场施工的混凝土普遍存在砂石含泥量偏高和二次加水现象，建立考虑含泥量和实际用水量影响因素的混凝土强度早期推定方法显得非常必要。

3. 混凝土强度早期推定计算思路

为了满足工程设计要求和施工现场管理规定，施工企业使用的混凝土配合比都是通过试验验证的配合比，符合设计要求。由于生产条件、环境温度、运输距离以及施工方法等综合因素的影响，经常出现部分混凝土企业使用的砂子含泥量高、混凝土拌和物坍落度损失大、施工现场二次加水的现象。含泥量的增加使混凝土凝固后随着浆体中水分的蒸发在含泥的部位出现空腔,二次加水使混凝土凝固后随着水分的蒸发导致浆体的孔隙率变大,最终引起混凝土强度降低。正常配制的混凝土强度与胶凝材料浆体的强度、填充强度贡献率和密实浆体的体积成正比。对于使用含泥量较高的砂子配制的混凝土、现场二次加水的混凝土,由于混凝土水化完成后内部形成空腔和孔隙,密实度降低,强度降低。在推定混凝土强度时,应该将这些空腔和孔隙引起的强度损失扣除,就能够得到混凝土合理的强度推定值。

2.1.2　原材料参数及混凝土配合比

1. 胶凝材料

胶凝材料参数见表 2-1。

表 2-1　胶凝材料参数

名称	水泥	粉煤灰	矿渣粉	硅灰
强度	R_{28}	—	—	—
密度	ρ_C	ρ_F	ρ_K	ρ_{Si}
需水量(比)	W_0	β_F	β_K	β_{Si}
活性指数	—	H_{28}	A_{28}	—
比表面积	S_C	S_F	S_K	S_{Si}
填充系数	u_1	u_2	u_3	u_4

由已知数据计算得到水泥浆体强度 σ 值和填充系数 u 值。

2. 砂子主要技术参数

砂子的主要技术参数见表 2-2。

表 2-2　砂子的主要技术参数

名称	紧密堆积密度	含泥量	含水率	压力吸水率
指标	ρ_s	H_n	H_W	Y_W

3. 石子主要技术参数

石子的主要技术参数见表 2-3。

表 2-3　石子的主要技术参数

名称	堆积密度	空隙率	表观密度	吸水率
指标	$\rho_{G堆积}$	P	$\rho_{G表观}$	X_W

4. 混凝土配合比

混凝土配合比见表 2-4。

表 2-4　混凝土配合比

水泥	粉煤灰	矿渣粉	硅灰	砂	石子	水	外加剂
C	F	K	Si	S	G	W	A

2.1.3　混凝土强度早期推定计算步骤

1. 胶凝材料标准稠度用水量

$$W_B = (m_C + m_F \times \beta_F + m_K \times \beta_K + m_{Si} \times \beta_{Si}) \times \frac{W_0}{100} \tag{2-1}$$

2. 泌水系数

$$M_W = \frac{m_C + m_F + m_K + m_{Si}}{300} - 1 \tag{2-2}$$

3. 胶凝材料拌和用水量

$$W_1 = \frac{2}{3}W_B + \frac{1}{3}W_B(1 - M_W) \tag{2-3}$$

4. 胶凝材料密实浆体体积

$$V_{浆体} = \frac{m_C}{\rho_C} + \frac{m_K}{\rho_K} + \frac{m_F}{\rho_F} + \frac{W_1}{\rho_W} \tag{2-4}$$

5. 砂子用水量

$$W_2 = \frac{m_S}{1350} \times \left(225 - 450 \times \frac{W_B}{m_C + m_F + m_K + m_{Si}} \right) \tag{2-5}$$

6. 砂子含泥的体积

$$V_n = \frac{m_S \times (H_n - 3\%)}{\rho_n} \tag{2-6}$$

7. 石子用水量

$$W_3 = m_G \times X_W \tag{2-7}$$

8. 混凝土理论用水量

$$W_{理论} = W_1 + W_2 + W_3 \tag{2-8}$$

9. 混凝土强度早期推定

(1) 当 $W \leqslant W_{理论}$，砂子含泥量小于 3%时，不考虑含泥量对混凝土强度的影响，由于缺少水分导致胶凝材料无法继续水化，混凝土凝固后密实浆体的量不足，达不到理论值，强度降低，缺少的水分体积为

$$V_{\Delta W} = \frac{W_{理论} - W}{\rho_W} \tag{2-9}$$

混凝土强度早期推定值用以下公式计算：

$$f = \sigma \times u \times m - \sigma \times V_{\Delta W} \tag{2-10}$$

式中，$V_{\Delta W}$ 计算公式见式(2-9)。

(2) 当 $W \leqslant W_{理论}$，砂子含泥量大于 3%时，由于这些泥会降低界面黏结强度并且最终留在混凝土中形成空腔，混凝土强度降低，综合缺水和含泥两种因素对混凝土强度的影响，混凝土强度早期推定值用以下公式计算：

$$f = \sigma \times u \times m - \sigma \times V_{\Delta W} - \sigma \times V_n \tag{2-11}$$

式中，$V_{\Delta W}$ 计算公式见式(2-9)。

(3) 当 $W > W_{理论}$，砂子含泥量小于3%时，不考虑含泥量对混凝土强度的影响，混凝土用水量过高，超量的水分最终蒸发，在混凝土中形成孔隙，使混凝土的密实度降低，最终引起混凝土强度降低，超量水形成的体积为

$$V_{\Delta W} = \frac{W - W_{理论}}{\rho_W} \tag{2-12}$$

在不考虑含泥对强度的影响时，混凝土强度早期推定值用以下公式计算：

$$f = \sigma \times u \times m - \sigma \times V_{\Delta W} \tag{2-13}$$

式中，$V_{\Delta W}$ 计算公式见式(2-12)。

(4) 当 $W > W_{理论}$，砂子含泥量大于 3%时，由于这些泥会降低界面黏结强度并且最终留在混凝土中形成空腔，混凝土强度降低，综合超量水分和含泥两种因素对混凝土强度的影响，混凝土强度早期推定值用以下公式计算：

$$f = \sigma \times u \times m - \sigma \times V_{\Delta W} - \sigma \times V_n \tag{2-14}$$

式中，$V_{\Delta W}$ 计算公式见式(2-12)。

2.2　辽宁省沈阳市混凝土强度早期推定工程应用

2.2.1　项目概况

在全运会场馆的建设过程中，为了保证混凝土强度达到设计要求，设计单位和业主提出由混凝土供应商在预拌混凝土配送过程中提供混凝土强度早期推定值，以便于业主和施工单位管理工程进度，提高项目管控水平。因此，我们决定在混凝土浇筑结束时向业主和设计单位提供混凝土强度早期推定值。

2.2.2　原材料参数及混凝土配合比

1. 胶凝材料主要参数

胶凝材料的主要参数见表 2-5。

表 2-5　胶凝材料的主要参数

名称	水泥	粉煤灰	矿渣粉
强度/MPa	35.7	——	——
密度/(kg/m³)	3000	2200	2800
需水量(比)	27	1.05	1.0
活性指数	——	80	90
比表面积/(m²/kg)	350	150	400

2. 砂子主要技术参数

砂子的主要技术参数见表 2-6。

表 2-6　砂子的主要技术参数

紧密堆积密度/(kg/m³)	含泥量/%	含水率/%	压力吸水率/%
1870	1	1	7

3. 石子主要技术参数

石子的主要技术参数见表 2-7。

表 2-7　石子的主要技术参数

堆积密度/(kg/m³)	空隙率/%	表观密度/(kg/m³)	吸水率/%
1560	41	2644	2.1

4. C35 混凝土配合比

C35 混凝土配合比见表 2-8。

表 2-8　C35 混凝土配合比　　　　　　　　（单位：kg/m³）

水泥	粉煤灰	矿渣粉	砂	石子	水	外加剂
220	50	80	775	995	170	7.4

2.2.3　混凝土强度早期推定计算

1. 水泥在标准胶砂中的体积比

$$V_C = \frac{\dfrac{450}{3000}}{\dfrac{450}{3000} + \dfrac{1350}{2700} + \dfrac{225}{1000}} = 0.171$$

2. 水泥浆体强度

$$\sigma = \frac{35.7}{0.171} = 209 \text{(MPa)}$$

3. 胶凝材料填充系数

1) 水泥填充系数

$$u_1 = 1.0$$

2) 粉煤灰填充系数

$$u_2 = \sqrt{\frac{2200 \times 150}{3000 \times 350}} = 0.56$$

3) 矿渣粉填充系数

$$u_3 = \sqrt{\frac{2800 \times 400}{3000 \times 350}} = 1.03$$

4) 胶凝材料综合填充系数

$$u = \frac{220 \times 1.0 + 50 \times 0.56 + 80 \times 1.03}{220 + 50 + 80} = 0.94$$

4. 胶凝材料标准稠度用水量

$$W_B = (220 + 50 \times 1.05 + 80 \times 1.0) \times \frac{27}{100} = 95(\text{kg})$$

5. 泌水系数

$$M_W = \frac{220 + 50 + 80}{300} - 1 = 0.17$$

6. 胶凝材料拌和用水量

$$W_1 = \frac{2}{3} \times 95 + \frac{1}{3} \times 95 \times (1 - 0.17) = 90(\text{kg})$$

7. 胶凝材料密实浆体体积

$$V_{\text{浆体}} = \frac{220}{3000} + \frac{80}{2800} + \frac{50}{2200} + \frac{90}{1000} = 0.215(\text{m}^3)$$

8. 砂子用水量

$$W_2 = \frac{775}{1350} \times \left(225 - 450 \times \frac{95}{220 + 50 + 80} \right) = 59(\text{kg})$$

9. 砂子含泥的体积

$$V_n = \frac{775 \times (1\% - 3\%)}{3000} = -0.005(\text{m}^3)$$

10. 石子用水量

$$W_3 = 995 \times 2.1\% = 21(\text{kg})$$

11. 混凝土理论用水量

$$W_{理论} = 90 + 59 + 21 = 170(\text{kg})$$

12. 混凝土强度早期推定

混凝土实际用水量为 170kg，理论计算用水量为 170kg，$W = W_{理论}$，砂子含泥量为 1%，不考虑含泥对强度的影响，因此混凝土强度早期推定值为

$$f = 209 \times 0.94 \times 0.215 = 42.2(\text{MPa})$$

经过实际检测，混凝土 28d 强度为 41.7MPa，与计算推定值 42.2MPa 相差 0.5MPa。

由试验和计算可知，采用多组分混凝土理论进行混凝土强度早期推定，定性判定是正确的。在全运会场馆的整个建设过程中，项目管理人员采用计算推定的方法控制混凝土质量，结构主体混凝土强度全部达到设计要求，保证了全运会场馆建设的顺利进行。

2.3　河南省洛阳市混凝土强度早期推定工程应用

2.3.1　项目概况

河南省洛阳市某混凝土公司采用石灰石尾矿砂配制混凝土，为了保证混凝土强度达到设计要求，公司领导要求技术部为经营部提供混凝土强度早期推定值，以便于结算过程中与客户沟通。因此，我们决定在混凝土浇筑结束时由质检员提供准确的混凝土施工配合比，经技术部计算后向公司经营部提供混凝土强度早期推定值。

2.3.2　原材料参数及混凝土配合比

1. 胶凝材料主要参数

胶凝材料主要参数见表 2-9。

表 2-9　胶凝材料主要参数

名称	水泥	粉煤灰	矿渣粉
强度/MPa	37.2	—	—
密度/(kg/m³)	3000	2200	2800

续表

名称	水泥	粉煤灰	矿渣粉
需水量(比)	27	1.03	1.0
活性指数	—	75	93
比表面积/(m²/kg)	380	150	400

2. 砂子主要技术参数

砂子主要技术参数见表2-10。

表 2-10　砂子主要技术参数

紧密堆积密度/(kg/m³)	含泥量/%	含水率/%	压力吸水率/%
2130	9	2	8

3. 石子主要技术参数

石子主要技术参数见表2-11。

2-11　石子主要技术参数

堆积密度/(kg/m³)	空隙率/%	表观密度/(kg/m³)	吸水率/%
1460	43	2561	1.5

4. C35 混凝土配合比

C35 混凝土配合比见表2-12。

2-12　C35混凝土配合比　　　　　　(单位：kg/m³)

水泥	粉煤灰	矿渣粉	砂	石子	水	外加剂
280	50	50	811	905	175	7.4

2.3.3　混凝土强度早期推定计算

1. 水泥在标准胶砂中的体积比

$$V_C = \frac{\dfrac{450}{3000}}{\dfrac{450}{3000} + \dfrac{1350}{2700} + \dfrac{225}{1000}} = 0.171$$

2. 水泥浆体强度

$$\sigma = \frac{37.2}{0.171} = 218(\text{MPa})$$

3. 胶凝材料填充系数

1) 水泥填充系数

$$u_1 = 1.0$$

2) 粉煤灰填充系数

$$u_2 = \sqrt{\frac{2200 \times 150}{3000 \times 380}} = 0.54$$

3) 矿渣粉填充系数

$$u_3 = \sqrt{\frac{2800 \times 400}{3000 \times 380}} = 0.99$$

4) 胶凝材料综合填充系数

$$u = \frac{280 \times 1.0 + 50 \times 0.54 + 50 \times 0.99}{280 + 50 + 50} = 0.94$$

4. 胶凝材料标准稠度用水量

$$W_B = (280 + 50 \times 1.03 + 50 \times 1.0) \times \frac{27}{100} = 103(\text{kg})$$

5. 泌水系数

$$M_W = \frac{280 + 50 + 50}{300} - 1 = 0.27$$

6. 胶凝材料拌和用水量

$$W_1 = \frac{2}{3} \times 103 + \frac{1}{3} \times 103 \times (1 - 0.27) = 94(\text{kg})$$

7. 胶凝材料密实浆体体积

$$V_{浆体} = \frac{280}{3000} + \frac{50}{2800} + \frac{50}{2200} + \frac{94}{1000} = 0.228(\text{m}^3)$$

8. 砂子用水量

$$W_2 = \frac{811}{1350} \times \left(225 - 450 \times \frac{103}{280 + 50 + 50} \right) = 62(\text{kg})$$

9. 砂子含泥的体积

$$V_n = \frac{811 \times (9\% - 3\%)}{3000} = 0.016(\text{m}^3)$$

10. 石子用水量

$$W_3 = 905 \times 1.5\% = 14(\text{kg})$$

11. 混凝土理论用水量

$$W_{理论} = 94 + 62 + 14 = 170(\text{kg})$$

12. 混凝土强度早期推定

由于混凝土实际用水量 W=165kg，理论计算用水量 $W_{理论}$=170kg，$W < W_{理论}$，用水量不足，考虑水分对强度的影响。由于缺少水分导致胶凝材料无法继续水化，混凝土凝固后密实浆体的量不足，达不到理论值，强度降低。缺少的水分体积为

$$V_{\Delta W} = \frac{170 - 165}{1000} = 0.005(\text{m}^3)$$

砂子含泥量较高，由于这些泥会降低界面黏结强度并且最终留在混凝土中形成空腔，混凝土强度降低。综合考虑缺水和含泥两种因素对混凝土强度的影响，混凝土强度早期推定值用以下公式计算：

$$f = 218 \times 0.94 \times 0.228 - 218 \times 0.016 - 218 \times 0.005 = 42.1(\text{MPa})$$

经过实际检测，混凝土 28d 强度为 39.7MPa，与计算推定值相差 2.4MPa，用尾矿固废配制的混凝土达到 C35 技术要求。

由试验和计算可知，通过科学配方和优化设计，采用洛阳当地尾矿砂配制的混凝土能够达到国家标准指标，满足结构设计和工程建设需求。利用多组分混凝土理论设计配合比，将混凝土推定强度用于指导生产，可以有效控制产品质量，为公司推广新技术、充分利用固废、节约社会资源、变废为宝发挥了重要作用。

2.4　四川省成都市混凝土强度早期推定工程应用

2.4.1　项目概况

在成都市某住宅的建设过程中，施工现场出现了二次加水现象，使混凝土实际用水量增加，影响混凝土质量。为了杜绝现场加水，保证混凝土强度达到设计要求，监理提出由混凝土公司提供二次加水对混凝土强度影响的具体数据，以便于施工管理。因此，我们安排了质检人员到现场对施工过程中的二次加水量进行统计，然后根据二次加水量计算混凝土强度推定值，提供准确数据用于现场技术管理，指导现场施工。

2.4.2　原材料参数及混凝土配合比

1. 胶凝材料主要参数

胶凝材料主要参数见表 2-13。

表 2-13　胶凝材料主要参数

名称	水泥	粉煤灰	矿渣粉
强度/MPa	40.3	—	—
密度/(kg/m³)	3080	2200	2800
需水量(比)	27	1.05	1.0
活性指数	—	80	90
比表面积/(m²/kg)	350	150	400

2. 砂子主要技术参数

砂子的主要技术参数见表 2-14。

表 2-14　砂子的主要技术参数

紧密堆积密度/(kg/m³)	含泥量/%	含水率/%	压力吸水率/%
1970	2	1	5

3. 石子主要技术参数

石子的主要技术参数见表 2-15。

表 2-15　石子的主要技术参数

堆积密度/(kg/m³)	空隙率/%	表观密度/(kg/m³)	吸水率/%
1570	41	2661	1

4. C50 混凝土配合比

C50 混凝土配合比见表 2-16。

表 2-16　C50 混凝土配合比　　　　　　　　(单位：kg/m³)

水泥	粉煤灰	矿渣粉	砂	石子	水	外加剂
320	60	60	690	989	195	7.4

2.4.3　混凝土强度早期推定计算

1. 水泥在标准胶砂中的体积比

$$V_C = \frac{\dfrac{450}{3080}}{\dfrac{450}{3080} + \dfrac{1350}{2700} + \dfrac{225}{1000}} = 0.168$$

2. 水泥浆体强度

$$\sigma = \frac{40.3}{0.168} = 240(\text{MPa})$$

3. 胶凝材料填充系数

1) 水泥填充系数

$$u_1 = 1.0$$

2) 粉煤灰填充系数

$$u_2 = \sqrt{\frac{2200 \times 150}{3080 \times 350}} = 0.55$$

3) 矿渣粉填充系数

$$u_3 = \sqrt{\frac{2800 \times 400}{3080 \times 350}} = 1.02$$

4) 胶凝材料综合填充系数

$$u = \frac{320 \times 1.0 + 60 \times 0.55 + 60 \times 1.02}{320 + 60 + 60} = 0.94$$

4. 胶凝材料标准稠度用水量

$$W_B = (320 + 60 \times 1.05 + 60 \times 1.0) \times \frac{27}{100} = 120(\text{kg})$$

5. 泌水系数

$$M_W = \frac{320 + 60 + 60}{300} - 1 = 0.47$$

6. 胶凝材料拌和用水量

$$W_1 = \frac{2}{3} \times 120 + \frac{1}{3} \times 120 \times (1 - 0.47) = 101(\text{kg})$$

7. 胶凝材料密实浆体体积

$$V_{\text{浆体}} = \frac{320}{3080} + \frac{60}{2800} + \frac{60}{2200} + \frac{101}{1000} = 0.254(\text{m}^3)$$

8. 砂子用水量

$$W_2 = \frac{690}{1350} \times \left(225 - 450 \times \frac{120}{320 + 60 + 60}\right) = 52(\text{kg})$$

9. 砂子含泥的体积

$$V_n = \frac{690 \times (2\% - 3\%)}{3080} = -0.002(\text{m}^3)$$

10. 石子用水量

$$W_3 = 989 \times 1.0\% = 10(\text{kg})$$

11. 混凝土理论用水量

$$W_{\text{理论}} = 101 + 52 + 10 = 163(\text{kg})$$

12. 试验检测数据

为了验证二次加水对混凝土强度的影响，在混凝土泵送前成型了一组混凝土试件，在出泵口浇筑现场取样成型了一组经过二次加水的混凝土试件，检测两组混凝土强度，见表2-17。

表 2-17 两组混凝土强度

序号	1m³ 混凝土用量/kg							28d 强度/MPa
	水泥	矿渣粉	粉煤灰	砂	石子	水	外加剂	
1	320	60	60	690	989	163	14.8	58.2
2	320	60	60	690	989	195	10.3	48.9

13. 混凝土强度早期推定

1) 超量水分形成的孔隙体积

施工现场浇筑的混凝土实际用水量 W=195kg，理论用水量 $W_{理论}$=163kg，$W > W_{理论}$，施工现场浇筑的混凝土用水量过多，超量的水蒸发后形成的孔隙体积为

$$V_{\Delta W} = \frac{195 - 163}{1000} = 0.032(\text{m}^3)$$

2) 现场浇筑二次加水的混凝土强度早期推定值

由于砂子的含泥量小于 3%，不考虑含泥对强度的影响，混凝土强度早期推定值为

$$f = 240 \times 0.94 \times 0.254 - 240 \times 0.032 = 49.6(\text{MPa})$$

3) 出厂混凝土强度早期推定值

如果施工现场加强管理，出厂混凝土用水量控制在 163kg，没有在施工现场进行二次加水，通过添加外加剂调整混凝土拌和物坍落度，混凝土强度的推定值为

$$f = 240 \times 0.94 \times 0.254 = 57.3(\text{MPa})$$

经过实际检测，在混凝土泵出口取样的混凝土试件 28d 强度为 48.9MPa，实测值与计算推定值相差 0.7MPa，混凝土达不到 C50 设计要求。从混凝土罐车取样的混凝土试件 28d 强度为 58.2MPa，实测值与计算推定值相差 0.9MPa，混凝土达到 C50 设计要求。

由试验和计算可知，当前混凝土施工过程中二次加水是造成混凝土强度波动的根本原因，在生产的过程中配制出优质的混凝土拌和物，通过加强施工现场管理，杜绝二次加水，就可以预防混凝土质量事故的发生。

2.5　江苏省苏州市高强混凝土强度早期推定工程应用

2.5.1　项目概况

在公路和铁路墩柱混凝土施工过程中，经常出现 C60 及以上混凝土早期强度高、后期强度不增长甚至倒缩的现象，江苏苏州某公司在试配 C100 混凝土的过程中也出现这种现象。产生这种现象的主要原因是高强混凝土配制过程中用水量不足，解决这种问题合理的思路是在配制混凝土的过程中使用合理的用水量，而不是过度降低水胶比。对于高强混凝土，为了使后期强度能够稳定增长，就必须补足胶凝材料化学反应所需的水分，使胶凝材料在后期能够正常水化，形成足够的水化硅酸钙凝胶填充于混凝土内部孔隙之中，保证混凝土强度达到设计要求，从而解决当前高强混凝土拌和物黏度大、混凝土早期强度高、后期强度不增长的问题。

2.5.2　原材料参数及混凝土配合比

1. 胶凝材料主要参数

胶凝材料主要参数见表 2-18。

表 2-18　胶凝材料主要参数

名称	水泥	矿渣粉	硅灰
强度/MPa	55.8	—	—
密度/(kg/m³)	3100	2800	2600
需水量(比)	27	1.0	1.0
活性指数	—	90	—
比表面积/(m²/kg)	350	400	18000

2. 砂子主要技术参数

砂子的主要技术参数见表 2-19。

表 2-19　砂子的主要技术参数

紧密堆积密度/(kg/m³)	含泥量/%	含水率/%	压力吸水率/%
1970	1	1	5

3. 石子主要技术参数

石子的主要技术参数见表 2-20。

表 2-20　石子的主要技术参数

堆积密度/(kg/m³)	空隙率/%	表观密度/(kg/m³)	吸水率/%
1570	41	2661	1

4. C100 混凝土配合比

C100 混凝土配合比见表 2-21。

表 2-21　C100 混凝土配合比　　　　　（单位：kg/m³）

水泥	矿渣粉	硅灰	砂	石子	水	外加剂
450	60	20	817	920	155	14.8

2.5.3　混凝土强度早期推定计算

1. 水泥在标准胶砂中的体积比

$$V_C = \frac{\frac{450}{3100}}{\frac{450}{3100}+\frac{1350}{2700}+\frac{225}{1000}} = 0.167$$

2. 水泥浆体强度

$$\sigma = \frac{55.8}{0.167} = 334(\text{MPa})$$

3. 胶凝材料填充系数

1) 水泥填充系数

$$u_1 = 1.0$$

2) 矿渣粉填充系数

$$u_3 = \sqrt{\frac{2800\times400}{3100\times350}} = 1.02$$

3) 硅灰填充系数

$$u_4 = \sqrt{\frac{2600\times18000}{3100\times350}} = 6.6$$

4) 胶凝材料综合填充系数

$$u = \frac{450 \times 1.0 + 60 \times 1.02 + 20 \times 6.6}{450 + 60 + 20} = 1.21$$

4. 胶凝材料标准稠度用水量

$$W_B = (450 + 60 \times 1.0 + 20 \times 1.0) \times \frac{27}{100} = 143(\text{kg})$$

5. 泌水系数

$$M_W = \frac{450 + 60 + 20}{300} - 1 = 0.77$$

6. 胶凝材料拌和用水量

$$W_1 = \frac{2}{3} \times 143 + \frac{1}{3} \times 143 \times (1 - 0.77) = 107(\text{kg})$$

7. 胶凝材料密实浆体体积

$$V_{浆体} = \frac{450}{3100} + \frac{60}{2800} + \frac{20}{2600} + \frac{107}{1000} = 0.281(\text{m}^3)$$

8. 砂子用水量

$$W_2 = \frac{817}{1350} \times \left(225 - 450 \times \frac{143}{450 + 60 + 20} \right) = 63(\text{kg})$$

9. 砂子含泥的体积

$$V_n = \frac{817 \times (1\% - 3\%)}{3100} = -0.005(\text{m}^3)$$

10. 石子用水量

$$W_3 = 920 \times 1.0\% = 9(\text{kg})$$

11. 混凝土理论用水量

$$W_{理论} = 107 + 63 + 9 = 179(\text{kg})$$

12. 对比试验检测

由于原配合比配制的混凝土强度一直无法达到设计值，为了提高试验效率，快速实现试配目标，使混凝土配合比早日应用于生产，根据计算确定理论用水量后，采用两组配合比进行对比试验，具体检测数据见表 2-22。

表 2-22　两组混凝土检测数据

序号	1m³ 混凝土用量/kg							28d 强度/MPa
	水泥	矿渣粉	硅灰	砂	石子	水	外加剂	
1	450	60	20	817	920	155	14.8	101.7
2	450	60	20	817	920	179	10.3	116.3

13. 混凝土强度早期推定

1) 欠缺水量体积的计算

由于原混凝土配合比设计用水量 $W=155$kg，理论计算水量 $W_{理论}=179$kg，$W < W_{理论}$，混凝土用水量不足，部分胶凝材料无法充分水化，胶凝材料水化形成的浆体比理论值少，导致密实浆体量不足，强度下降，欠缺的浆体体积为

$$V_{\Delta W} = \frac{179-155}{1000} = 0.024(\text{m}^3)$$

2) 原配合比混凝土强度早期推定值

由于试配使用的砂子含泥量为 1%，小于 3%，不考虑含泥对强度的影响，混凝土强度早期推定值为

$$f = 334 \times 1.21 \times 0.281 - 334 \times 0.024 = 105.5(\text{MPa})$$

3) 调整用水量后混凝土配合比强度推定值

按照理论用水量为 179kg 配制混凝土，通过降低外加剂掺量来降低混凝土拌和物黏度，控制混凝土拌和物坍落度，混凝土强度早期推定值为

$$f = 334 \times 1.21 \times 0.281 = 113.6(\text{MPa})$$

经过实际检测，用水量 155kg 的原配合比混凝土试件 28d 强度为 101.7MPa，实测值与计算推定值相差 3.8MPa，混凝土没有达到 C100 设计要求。用水量 179kg 的混凝土试件 28d 强度为 116.3MPa，实测值与计算推定值相差 2.7MPa，混凝土达到 C100 设计要求。本次试验通过调整用水量和外加剂掺量，解决了该公司配制高强混凝土过程中出现的技术难题。

当前在配制高强混凝土的过程中普遍存在水胶比过低、用水量不足、外加剂超掺的问题，导致混凝土拌和物黏度过大、早期强度高、后期强度不增长的问题。试验证明，解决这一问题的最佳方法是在配制混凝土过程中加入适量的水，降低外加剂掺量，降低混凝土拌和物的黏度，保证胶凝材料能够正常水化，使混凝土强度能够稳定增长。

第3章　多组分混凝土配合比设计计算方法及工程应用

3.1　多组分混凝土配合比设计计算方法

3.1.1　设计依据

根据多组分混凝土理论以及混凝土耐久性设计原理，数字量化混凝土配合比设计优先考虑了混凝土的耐久性指标，通过控制胶凝材料的总量来解决浆体对砂石的包裹性，通过控制胶凝材料拌和用水量来提高浆体的密实度，通过预湿骨料工艺来提高浆体和砂石的黏结力。在设计过程中根据混凝土企业质量控制水平，确定合理的配制强度，根据原材料技术指标以及混凝土的工作性、强度和耐久性指标要求设计配合比。

3.1.2　原材料

1. 胶凝材料主要技术参数

胶凝材料主要技术参数见表 3-1。

表 3-1　胶凝材料主要技术参数

名称	42.5 水泥	矿渣粉	粉煤灰	硅灰
强度	R_{28}	—	—	—
密度	ρ_C	ρ_K	ρ_F	ρ_{Si}
比表面积	S_C	S_K	S_F	S_{Si}
需水量(比)	W_0	β_K	β_F	β_{Si}
活性指数	—	A_{28}	H_{28}	—

1) 水泥质量强度比的计算
(1) 水泥在砂浆中的体积比。

$$V_C = \frac{\dfrac{m_{C_0}}{\rho_C}}{\dfrac{m_{C_0}}{\rho_C} + \dfrac{m_{S_0}}{\rho_{S_0}} + \dfrac{m_{W_0}}{\rho_{W_0}}} \tag{3-1}$$

(2) 标准稠度水泥浆体的强度。

$$\sigma = \frac{R_{28}}{V_C} \tag{3-2}$$

(3) 标准稠度水泥浆体的密度。

$$\rho_0 = \frac{\rho_C \times \left(1 + \dfrac{W_0}{100}\right)}{1 + \dfrac{\rho_C}{\rho_W} \times \dfrac{W_0}{100}} \tag{3-3}$$

(4) 水泥的质量强度比。

$$R_C = \frac{\rho_0}{\sigma} \tag{3-4}$$

2) 矿渣粉活性系数

$$\alpha_3 = \frac{A_{28} - 50}{50} \tag{3-5}$$

3) 粉煤灰的活性系数

$$\alpha_2 = \frac{H_{28} - 70}{30} \tag{3-6}$$

4) 硅灰的填充系数

$$u_4 = \sqrt{\frac{\rho_{Si} S_{Si}}{\rho_C S_C}} \tag{3-7}$$

2. 砂石主要技术参数

1) 石子主要技术参数

石子的主要技术参数见表 3-2。

表 3-2　石子的主要技术参数

堆积密度	空隙率	表观密度	吸水率
$\rho_{G堆积}$	P	$\rho_{G表观}$	X_W

2) 砂子主要技术参数

砂子的主要技术参数见表 3-3。

表 3-3　砂子的主要技术参数

紧密堆积密度	含石率	含水率	压力吸水率	含泥量
ρ_s	H_G	H_W	Y_W	H_n

3. 外加剂主要技术参数

称取水泥、水，按照厂家推荐掺量试验，要求混凝土拌和物坍落度为 T，水泥净浆流动扩展度 $D=T$，确定外加剂掺量 c_A。

3.1.3　混凝土配合比设计计算过程

1. 混凝土配制强度的确定

$$f_{cuo} = f_{cuk} + 1.645\sigma \qquad (3\text{-}8)$$

2. 基准水泥用量

$$m_{C_0} = R_C \times f_{cuo} \qquad (3\text{-}9)$$

3. 胶凝材料的分配

1) $m_{C_0} \leqslant 300\text{kg}$

$$m_{C_0} = \alpha_C \times m_C + \alpha_F \times m_F \qquad (3\text{-}10)$$

$$m_B = m_C + m_F \qquad (3\text{-}11)$$

2) $300\text{kg} < m_{C_0} < 600\text{kg}$

$$m_{C_0} = \alpha_1 \times m_C + \alpha_2 \times m_F + \alpha_3 \times m_K \text{(等活性替换)} \qquad (3\text{-}12)$$

$$m_{C_0} = u_1 \times m_C + u_2 \times m_F + u_3 \times m_K \text{(等填充替换)} \qquad (3\text{-}13)$$

$$m_B = m_C + m_F + m_K \qquad (3\text{-}14)$$

也可以先确定水泥、矿渣粉和粉煤灰代替基准水泥的比例 x_C、x_F、x_K，用下式计算：

$$m_C = m_{C_0C} = x_C \times m_{C_0} \qquad (3\text{-}15)$$

$$m_F = \frac{m_{C_0F}}{\alpha_2} = \frac{x_F \times m_{C_0}}{\alpha_2} \qquad (3\text{-}16)$$

$$m_K = \frac{m_{C_0K}}{\alpha_3} = \frac{x_K \times m_{C_0}}{\alpha_3} \qquad (3\text{-}17)$$

3) $m_{C_0} \geqslant 600\text{kg}$

$$m_{C_0} = \alpha_1 \times m_C + \alpha_3 \times m_K + \alpha_4 \times m_{Si} \qquad (3\text{-}18)$$

$$m_{C_0} = u_1 \times m_C + u_3 \times m_K + u_4 \times m_{Si} \qquad (3\text{-}19)$$

$$m_C + m_K + m_{Si} = 600 \qquad (3\text{-}20)$$

也可以先确定水泥、矿渣粉和硅灰代替基准水泥的比例 x_C、x_K、x_{Si}，用下式计算：

$$m_C = m_{C_0 C} = x_C \times m_{C_0} \qquad (3\text{-}21)$$

$$m_K = \frac{m_{C_0 K}}{\alpha_3} = \frac{x_K \times m_{C_0}}{\alpha_3} \qquad (3\text{-}22)$$

$$m_{Si} = \frac{m_{C_0 Si}}{u_4} = \frac{x_{Si} \times m_{C_0}}{u_4} \qquad (3\text{-}23)$$

4. 胶凝材料标准稠度用水量

1) 试验法

$$W_B = (m_C + m_F + m_K + m_{Si}) \times \frac{W_0}{100} \qquad (3\text{-}24)$$

2) 计算法

$$W_B = (m_C + m_F \times \beta_F + m_K \times \beta_K + m_{Si} \times \beta_{Si}) \times \frac{W_0}{100} \qquad (3\text{-}25)$$

5. 泌水系数

$$M_W = \frac{m_C + m_F + m_K + m_{Si}}{300} - 1 \qquad (3\text{-}26)$$

6. 胶凝材料拌和用水量

$$W_1 = W_B \times \frac{2}{3} + W_B \times \frac{1}{3} \times (1 - M_W) \qquad (3\text{-}27)$$

7. 胶凝材料浆体体积

$$V_{\text{浆体}} = \frac{m_C}{\rho_C} + \frac{m_F}{\rho_F} + \frac{m_K}{\rho_K} + \frac{m_{Si}}{\rho_{Si}} + \frac{W_1}{\rho_W} \qquad (3\text{-}28)$$

8. 外加剂掺量

$$m_A = (m_C + m_F + m_K + m_{Si}) \times c_A \tag{3-29}$$

9. 砂子用量及用水量

1) 砂子用量

$$m_S = \frac{\rho_S \times P}{1 - H_G} \tag{3-30}$$

2) 机制砂用水量

$$W_{2\min} = (5.7\% - H_W) \times m_S \tag{3-31}$$

$$W_{2\max} = (7.7\% - H_W) \times m_S \tag{3-32}$$

3) 天然砂用水量

$$W_{2\min} = (6\% - H_W) \times m_S \tag{3-33}$$

$$W_{2\max} = (8\% - H_W) \times m_S \tag{3-34}$$

4) 再生细骨料用水量

$$W_2 = m_S \times Y_W \tag{3-35}$$

10. 石子用量及用水量

$$m_G = (1 - V_{浆体} - P) \times \rho_{G表观} - m_S \times H_G \tag{3-36}$$

$$W_3 = m_G \times X_W \tag{3-37}$$

11. 混凝土配合比

混凝土配合比见表 3-4。

表 3-4　混凝土配合比

水泥	矿渣粉	粉煤灰	硅灰	外加剂	砂	石子	拌和水	预湿水
C	K	F	Si	A	S	G	W_1	W_{2+3}

3.2　大运村公寓 C30 混凝土配合比设计工程应用

3.2.1　项目概况

大运村公寓是为第 21 届大学生运动会投资兴建的项目,位于北京市海淀区知春路，主要由 10 幢公寓、2 幢写字楼和 1 幢酒店停车场组成，内设有餐厅、洗衣房、足球场、网球场和超市等。该项目混凝土由北京城建集团有限责任公司混凝土分公司供应，为了提高产品质量，改善混凝土性能，满足工程设计需求，采用数字量化混凝土技术进行配合比设计。

3.2.2　原材料

1. 胶凝材料主要技术参数

该项目使用唐山冀东盾石牌 P · S42.5 水泥、瑞德 S75 级矿渣粉、高井 II 级粉煤灰，具体参数见表 3-5。

表 3-5　胶凝材料主要技术参数

名称	水泥	矿渣粉	粉煤灰
强度/MPa	48.6	—	—
密度/(kg/m³)	3060	2830	2300
需水量(比)	26.6	1.0	0.98
活性指数	—	93	65

水泥检测材料用量及体积见表 3-6。

表 3-6　水泥检测材料用量及体积

名称	水泥	砂	水	水泥胶砂
用量/g	450	1350	225	2025
密度/(kg/m³)	3060	2700	1000	—
体积/dm³	0.147	0.50	0.225	0.872

1) 水泥质量强度比的计算

(1) 水泥在砂浆中的体积比。

$$V_C = \frac{0.147}{0.872} = 0.169$$

(2) 标准稠度水泥浆体的强度。

$$\sigma = \frac{48.6}{0.169} = 288(\text{MPa})$$

(3) 标准稠度水泥浆体的密度。

$$\rho_0 = \frac{3060 \times \left(1 + \frac{26.6}{100}\right)}{1 + \frac{3060}{1000} \times \frac{26.6}{100}} = 2136 (\text{kg/m}^3)$$

(4) 水泥的质量强度比。

$$R_C = \frac{2136}{288} = 7.4 (\text{kg} / (\text{MPa} \cdot \text{m}^3))$$

2) 矿渣粉活性系数

$$\alpha_3 = \frac{93 - 50}{50} = 0.86$$

3) 粉煤灰的活性系数

$$\alpha_2 = \frac{65 - 70}{30} = -0.17$$

由于活性系数小于零，所以这种粉煤灰应用过程中在解决包裹性方面可以当胶凝材料使用，在强度贡献方面只能当细砂子使用。

2. 砂石主要技术参数

1) 石子主要技术参数

该项目使用永定河 5～25mm 碎卵石，石子干净，级配合理，技术参数通过现场检测求得。试验步骤如下：

(1) 将石子装满 10L 容积桶，放到混凝土振动台振动 15s，刮平顶部石子，称量计算得到石子的堆积密度 $\rho_{G堆积} = 1417 \text{kg/m}^3$。

(2) 向桶中加满水后称量计算得到石子的空隙率 $P = 44.9\%$。

(3) 利用石子堆积密度和空隙率计算求得石子的表观密度 $\rho_{G表观} = 2572 \text{kg/m}^3$。

(4) 将桶中水倒出，将湿石子称量计算求得石子的吸水率 $X_W = 1.9\%$。

2) 砂子主要技术参数

该项目使用潮白河中砂，砂子级配良好，颗粒表面干净，技术参数通过现场检测求得。试验的步骤如下：

(1) 将砂子装满 2 节 1L 容积桶组成的压砂桶，用压力机以 3kN/s 的速度加压至 72kN，取下顶部一节，刮平底部一节顶部砂子，称量计算求得砂子的紧密堆积密度 $\rho_S = 1750 \text{kg/m}^3$。

(2) 用 4.75mm 方孔筛筛分后，称量得到筛上小石子的质量，计算求得砂子含石率 $H_G = 1.7\%$。

(3) 采用国家标准规定的方法测得砂子含水率 $H_W = 4.6\%$。

3. 外加剂主要技术参数

称取水泥 600g、水 172g，按照厂家推荐掺量 2%进行试验，水泥净浆流动扩展度为 240mm，该项目要求混凝土拌和物坍落度为(220±30)mm，因此确定外加剂掺量为 2%。

3.2.3　C30 混凝土配合比设计

1. 配制强度

$$f_{\text{cuo}} = 30 + 1.645 \times 4 = 36.6(\text{MPa})$$

2. 胶凝材料用量

1) 基准水泥用量

$$m_{C_0} = 7.4 \times 36.6 = 271(\text{kg})$$

2) 水泥用量

$$m_C = 271 \times 0.8 = 217(\text{kg})$$

3) 矿渣粉用量

$$m_K = \frac{271 \times 0.2}{0.86} = 63(\text{kg})$$

4) 粉煤灰用量

由于粉煤灰没有活性，在包裹性方面按照胶凝材料使用，在强度方面按照细砂子使用，本次设计控制胶凝材料总量为 350kg，粉煤灰用量按照下式确定：

$$m_F = 350 - 217 - 63 = 70(\text{kg})$$

3. 胶凝材料标准稠度用水量

$$W_B = (217 + 63 \times 1.0 + 70 \times 0.98) \times \frac{26.6}{100} = 93(\text{kg})$$

4. 泌水系数

$$M_W = \frac{217 + 63 + 70}{300} - 1 = 0.17$$

5. 胶凝材料拌和用水量

$$W_1 = \frac{2}{3} \times 93 + \frac{1}{3} \times 93 \times (1 - 0.17) = 88(\text{kg})$$

6. 胶凝材料浆体体积

$$V_{浆体} = \frac{217}{3060} + \frac{63}{2830} + \frac{70}{2300} + \frac{88}{1000} = 0.212(\mathrm{m}^3)$$

7. 砂子用量及用水量

$$m_S = \frac{1750 \times 44.9\%}{1 - 1.7\%} = 799(\mathrm{kg})$$

$$W_{2\min} = 799 \times (5.7\% - 4.6\%) = 9(\mathrm{kg})$$

$$W_{2\max} = 799 \times (7.7\% - 4.6\%) = 25(\mathrm{kg})$$

8. 石子用量及用水量

$$m_G = (1 - 0.212 - 0.449) \times 2572 - 799 \times 1.7\% = 858(\mathrm{kg})$$

$$W_3 = 858 \times 1.9\% = 16(\mathrm{kg})$$

9. 砂石用水量

$$W_{2\min+3} = 9 + 16 = 25(\mathrm{kg})$$

$$W_{2\max+3} = 25 + 16 = 41(\mathrm{kg})$$

10. C30 混凝土配合比

C30 混凝土配合比见表 3-7。

表 3-7　C30 混凝土配合比　　　　　　（单位：kg/m³）

水泥	矿渣粉	粉煤灰	外加剂	砂	石子	拌和水	预湿水
217	63	70	7	799	858	88	25～41

11. 试配

根据设计配合比进行试配，结果见表 3-8。混凝土拌和物工作性良好，坍落度损失很小，成型的混凝土试件 28d 强度达到设计要求。

表 3-8　C30 混凝土试配结果

1m³ 混凝土用量/kg								坍落度/mm	28d 强度/MPa
水泥	矿渣粉	粉煤灰	外加剂	砂	石子	拌和水	预湿水		
217	63	70	7	799	858	88	35	240	36.9
217	63	70	7	799	858	88	32	235	37.3
217	63	70	7	799	858	88	38	235	37.6

3.2.4 工程应用

在检测合格后，采用以上配合比生产的 C30 混凝土应用于大运村公寓项目施工，混凝土拌和物出机坍落度控制在(220±30)mm，运送到现场后坍落度损失小于 30mm，没有出现离析和泌水现象，和易性良好，泵送过程顺利，易于振捣，拆模后混凝土表面光洁，无明显的外观质量缺陷，负责现场的监理和建设单位技术人员非常满意，经过检测评定合格。

3.3　海育大厦 C40 混凝土配合比设计工程应用

3.3.1 项目概况

海育大厦工程项目位于海淀区公主坟商贸中心地带，东临长安街，西临西三环，是集商业、娱乐、办公写字楼为一体的综合性建筑，占地面积 5441m²，总建筑面积 3 万 m²，总层数十六层，其中地上一至五层、地下一至二层为商业用房；六至十六层为写字楼。地下三至四层为车库、设备用房等，兼具商服、餐饮、洗浴、娱乐、办公等多项功能。该项目混凝土由北京城建集团有限责任公司混凝土分公司供应，为了提高产品质量，改善混凝土性能，满足工程设计需求，采用数字量化混凝土技术进行配合比设计。

3.3.2 原材料

1. 胶凝材料主要技术参数

该项目使用北京京都牌 P·S42.5 水泥、瑞德 S105 级矿渣粉、涿州Ⅱ级粉煤灰。具体参数见表 3-9。

表 3-9　胶凝材料主要技术参数

名称	水泥	矿渣粉	粉煤灰
强度/MPa	45	42.9	35.1
密度/(kg/m³)	3100	2800	2200
需水量(比)	28	1.0	1.05

水泥检测材料用量及体积见表 3-10。

表 3-10　水泥检测材料用量及体积

名称	水泥	砂	水	水泥胶砂
用量/g	450	1350	225	2025
密度/(kg/m³)	3100	2700	1000	—
体积/dm³	0.145	0.50	0.225	0.870

1) 水泥质量强度比的计算

(1) 水泥在砂浆中的体积比。

$$V_C = \frac{0.145}{0.870} = 0.167$$

(2) 标准稠度水泥浆体的强度。

$$\sigma = \frac{45}{0.167} = 269(\text{MPa})$$

(3) 标准稠度水泥浆体的密度。

$$\rho_0 = \frac{3100 \times \left(1 + \dfrac{28}{100}\right)}{1 + \dfrac{3100}{1000} \times \dfrac{28}{100}} = 2124(\text{kg/m}^3)$$

(4) 水泥的质量强度比。

$$R_C = \frac{2124}{269} = 7.9(\text{kg/(MPa} \cdot \text{m}^3))$$

2) 矿渣粉活性系数

$$\alpha_3 = \frac{42.9 - 45 \times 0.5}{45 \times 0.5} = 0.91$$

3) 粉煤灰活性系数

$$\alpha_2 = \frac{35.1 - 45 \times 0.7}{45 \times 0.3} = 0.27$$

2. 砂石主要技术参数

1) 石子主要技术参数

该项目采用永定河 5~25mm 碎卵石，颗粒级配合理，表面干净无杂质，技术参数通过现场检测求得。试验步骤如下：

(1) 将石子装满 10L 容积桶，放到混凝土振动台振动 15s，刮平顶部石子，称量计算得到石子的堆积密度 $\rho_{G堆积}$=1583kg/m³。

(2) 向桶中加满水后称量计算得到石子的空隙率 P=41.6%。

(3) 利用石子堆积密度和空隙率计算求得石子的表观密度 $\rho_{G表观}$=2711kg/m³。

(4) 将桶中水倒出，将湿石子称量计算求得石子的吸水率 X_W=2.1%。

2) 砂子主要技术参数

该项目砂子采用涿州产中砂，级配合理，技术参数通过现场检测求得。试验步骤如下：

(1) 将砂子装满 2 节 1L 容积桶组成的压砂桶，用压力机以 3kN/s 的速度加压至 72kN，取下顶部一节，刮平下部一节顶部砂子，称量计算求得砂子的紧密堆积密度 ρ_S=2090kg/m³。

(2) 用 4.75mm 方孔筛筛分后，称量得到筛上小石子的质量，计算求得砂子含石率 H_G=8.7%。

(3) 采用国家标准规定的方法测得砂子含水率 H_W=5%。

3) 外加剂主要技术参数

称取水泥 600g、水 180g，按照厂家推荐掺量 2%进行试验，水泥净浆流动扩展度为 250mm，该项目要求混凝土拌和物坍落度为(230±30)mm，因此确定外加剂掺量为 2%。

3.3.3　C40 混凝土配合比设计

1. 配制强度

$$f_{cuo} = 40 + 1.645 \times 4 = 46.6(MPa)$$

2. 胶凝材料用量

1) 基准水泥用量

$$m_{C_0} = 7.9 \times 46.6 = 368(kg)$$

2) 水泥用量

$$m_C = 368 \times 0.75 = 276(kg)$$

3) 矿渣粉用量

$$m_K = \frac{368 \times 0.2}{0.91} = 81(kg)$$

4) 粉煤灰用量

$$m_F = \frac{368 \times 0.05}{0.27} = 68(\text{kg})$$

3. 胶凝材料标准稠度用水量

$$W_B = (276 + 81 \times 1.0 + 68 \times 1.05) \times \frac{28}{100} = 120(\text{kg})$$

4. 泌水系数

$$M_W = \frac{276 + 81 + 68}{300} - 1 = 0.42$$

5. 胶凝材料拌和用水量

$$W_1 = \frac{2}{3} \times 120 + \frac{1}{3} \times 120 \times (1 - 0.42) = 103(\text{kg})$$

6. 胶凝材料浆体体积

$$V_{浆体} = \frac{276}{3100} + \frac{81}{2800} + \frac{68}{2200} + \frac{103}{1000} = 0.252(\text{m}^3)$$

7. 砂子用量及用水量

$$m_S = \frac{2090 \times 41.6\%}{1 - 8.7\%} = 952(\text{kg})$$

$$W_{2\min} = 952 \times (5.7\% - 5\%) = 7(\text{kg})$$

$$W_{2\max} = 952 \times (7.7\% - 5\%) = 26(\text{kg})$$

8. 石子用量及用水量

$$m_G = (1 - 0.252 - 0.416) \times 2711 - 952 \times 8.7\% = 817(\text{kg})$$

$$W_3 = 817 \times 2.1\% = 17(\text{kg})$$

9. 砂石用水量

$$W_{2\min+3} = 7 + 17 = 24(\text{kg})$$

$$W_{2\max+3} = 26 + 17 = 43(\text{kg})$$

10. C40 混凝土配合比

C40 混凝土配合比见表 3-11。

表 3-11　C40 混凝土配合比　　　　　　　　　(单位：kg/m³)

水泥	矿渣粉	粉煤灰	砂	石子	外加剂	拌和水	预湿水
276	81	68	952	817	8.5	103	24~43

11. 试配

根据设计配合比进行试配，结果见表 3-12。混凝土拌和物工作性良好，成型的混凝土试件 28d 强度达到设计要求。

表 3-12　C40 混凝土试配结果

1m³ 混凝土用量/kg								坍落度 /mm	28d 强度 /MPa
水泥	矿渣粉	粉煤灰	外加剂	砂	石子	拌和水	预湿水		
276	81	68	8.5	952	817	103	33	250	48.3
276	81	68	8.5	952	817	103	35	245	47.9
276	81	68	8.5	952	817	103	34	250	48.2

3.3.4　工程应用

经过检测合格后，将采用以上配合比生产的 C40 混凝土应用于海育大厦项目施工，混凝土拌和物出厂坍落度控制在(250±20)mm，运送到现场后混凝土拌和物坍落度保留值为 240mm，没有出现离析和泌水现象，易于泵送施工。混凝土拆模后，表面平整，无蜂窝麻面和其他外观缺陷，项目业主、现场监理和建设单位负责人非常满意，经检测评定合格。

3.4　老山自行车馆 C50 清水混凝土配合比设计工程应用

3.4.1　项目概况

老山自行车馆位于北京市石景山区老山国家体育总局自行车和击剑运动管理中心基地西侧，总建筑面积 32920m²，赛道周长 250m，观众席 6000 个，其中临时座席 3000 个。该项目由国家体育总局承建，工程设计工作由广东省建筑设计研究院和中国航天建筑设计研究院共同完成，赛道由德国舒曼设计师事务所设计，监理单位为北京帕克国际工程咨询有限公司，施工总承包单位是中国新兴建设开发总公司，主体结构 C50 清水混凝土由北京城建集团有限公司混凝土分公司供应，为了提高产品质量，改善混凝土性能，满足工程设计需求，采用数字量化混凝土技术进行配合比设计。

3.4.2　原材料

1. 胶凝材料主要技术参数

该项目使用唐山冀东盾石牌 P·O42.5 水泥、瑞德 S75 级矿渣粉、高井 II 级粉煤灰。具体参数见表 3-13。

表 3-13　胶凝材料主要技术参数

名称	水泥	矿渣粉	粉煤灰
强度/MPa	49.2	——	——
密度/(kg/m³)	3080	2800	2200
需水量(比)	26.8	0.99	1.03
活性指数	——	98	79

水泥检测材料用量及体积见表 3-14。

表 3-14　水泥检测材料用量及体积

名称	水泥	砂	水	水泥胶砂
用量/g	450	1350	225	2025
密度/(kg/m³)	3080	2700	1000	——
体积/dm³	0.146	0.50	0.225	0.871

1) 水泥质量强度比的计算

(1) 水泥在砂浆中的体积比。

$$V_C = \frac{0.146}{0.871} = 0.168$$

(2) 标准稠度水泥浆体的强度。

$$\sigma = \frac{49.2}{0.168} = 293(\text{MPa})$$

(3) 标准稠度水泥浆体的密度。

$$\rho_0 = \frac{3080 \times \left(1 + \dfrac{26.8}{100}\right)}{1 + \dfrac{3080}{1000} \times \dfrac{26.8}{100}} = 2139(\text{kg/m}^3)$$

(4) 水泥的质量强度比。

$$R_C = \frac{2139}{293} = 7.3(\text{kg/(MPa} \cdot \text{m}^3))$$

2) 矿渣粉活性系数

$$\alpha_3 = \frac{98 - 50}{50} = 0.96$$

3) 粉煤灰的活性系数

$$\alpha_2 = \frac{79 - 70}{30} = 0.3$$

2. 砂石主要技术参数

1) 石子主要技术参数

该项目使用潮白河 5~25mm 碎卵石，颗粒级配良好，表面干净无杂物，技术参数通过现场检测求得。试验步骤如下：

(1) 将石子装满 10L 容积桶，放到混凝土振动台振动 15s，刮平顶部石子，称量计算得到石子的堆积密度 $\rho_{G堆积} = 1520\text{kg}/\text{m}^3$。

(2) 向桶中加满水后称量计算得到石子的空隙率 P=43%。

(3) 利用石子堆积密度和空隙率计算求得石子的表观密度 $\rho_{G表观} = 2667\text{kg/m}^3$。

(4) 将桶中水倒出，将湿石子称量求得石子的吸水率 X_W=1%。

2) 砂子主要技术参数

该项目使用永定河中砂，级配良好，表面干净，技术参数通过现场检测求得。试验步骤如下：

(1) 将砂子装满 2 节 1L 容积桶组成的压砂桶，用压力机以 3kN/s 的速度加压至 72kN，取下顶部一节，刮平下部一节顶部砂子，称量计算求得砂子的紧密堆积密度 ρ_S =1750kg/m³。

(2) 用 4.75mm 方孔筛筛分后，称量得到筛上小石子的质量，计算求得砂子含石率 H_G=2%。

(3) 用国家标准方法测得砂子含水率 H_W=3%。

3. 外加剂主要技术参数

称取 600g 水泥、172g 水，按照厂家推荐掺量 2%进行试验，水泥净浆流动扩展度为 250mm，该项目要求混凝土拌和物坍落度为(230±30)mm，因此确定外加剂掺量为 2%。

3.4.3　C50 混凝土配合比设计

1. 配制强度

$$f_{\text{cuo}} = 50 + 1.645 \times 4 = 56.6(\text{MPa})$$

2. 胶凝材料用量

1) 基准水泥用量

$$m_{C_0} = 7.3 \times 56.6 = 413(\text{kg})$$

2) 水泥用量

$$m_C = 413 \times 0.7 = 289(\text{kg})$$

3) 矿渣粉用量

$$m_K = \frac{413 \times 0.25}{0.96} = 108(\text{kg})$$

4) 粉煤灰用量

$$m_F = \frac{413 \times 0.05}{0.3} = 69(\text{kg})$$

3. 胶凝材料标准稠度用水量

$$W_B = (289 + 108 \times 0.99 + 69 \times 1.03) \times \frac{26.8}{100} = 125(\text{kg})$$

4. 泌水系数

$$M_W = \frac{289 + 108 + 69}{300} - 1 = 0.55$$

5. 胶凝材料拌和用水量

$$W_1 = \frac{2}{3} \times 125 + \frac{1}{3} \times 125 \times (1 - 0.55) = 102(\text{kg})$$

6. 胶凝材料浆体体积

$$V_{\text{浆体}} = \frac{289}{3080} + \frac{108}{2800} + \frac{69}{2200} + \frac{102}{1000} = 0.266(\text{m}^3)$$

7. 砂子用量及用水量

$$m_S = \frac{1750 \times 43\%}{1 - 2\%} = 768(\text{kg})$$

$$W_{2\min} = 768 \times (5.7\% - 3\%) = 21(\text{kg})$$

$$W_{2\max} = 768 \times (7.7\% - 3\%) = 36(\text{kg})$$

8. 石子用量及用水量

$$m_G = (1 - 0.266 - 0.43) \times 2667 - 768 \times 2\% = 795(\text{kg})$$

$$W_3 = 795 \times 1\% = 8(\text{kg})$$

9. 砂石用水量

$$W_{2\min+3} = 21 + 8 = 29(\text{kg})$$

$$W_{2\max+3} = 36 + 8 = 44(\text{kg})$$

10. C50 混凝土配合比

C50 混凝土配合比见表 3-15。

表 3-15　C50 混凝土配合比　　　　　　　　(单位：kg/m³)

水泥	矿渣粉	粉煤灰	砂	石子	外加剂	拌和水	预湿水
289	108	69	768	795	9.2	102	29～44

11. 试配

根据设计配合比进行试配，结果见表 3-16。混凝土拌和物工作性良好，成型的混凝土试件 28d 强度达到设计要求。

表 3-16　C50 混凝土试配结果

1m³ 混凝土用量/kg								坍落度 /mm	28d 强度 /MPa
水泥	矿渣粉	粉煤灰	外加剂	砂	石子	拌和水	预湿水		
289	108	69	9.2	768	795	102	33	220	58.6
289	108	69	9.2	768	795	102	30	200	57.9
289	108	69	9.2	768	795	102	32	220	58.2

3.4.4　工程应用

在试验成功的基础上，采用以上配合比生产的 C50 混凝土应用于老山自行车馆清水混凝土项目施工，混凝土拌和物出厂坍落度控制在(200±30)mm，运送到现场后混凝土拌和物坍落度保留值为 200mm，和易性好，易于泵送施工，混凝土拆模后无色差，表面平整，无蜂窝麻面和其他外观缺陷，达到了清水混凝土技术要求，经检测评定合格。

3.5　五棵松体育馆 C60 清水混凝土配合比设计工程应用

3.5.1　项目概况

北京五棵松体育馆是 2008 年北京奥运会新建的比赛场馆，可容纳观众约 18000 人，总建筑面积约 35 万 m²，地下 1 层、地上 6 层，高度 27.86m。该项目现浇 C60 清水混凝土由北京城建集团有限公司混凝土分公司供应，为了提高产品质量，改善混凝土性能，满足工程设计需求，采用数字量化混凝土技术进行配合比设计。

3.5.2　原材料

1. 胶凝材料主要技术参数

该项目使用北京琉璃河 P·O42.5 水泥、瑞德 S95 级矿渣粉、高井 Ⅰ 级粉煤灰。具体参数见表 3-17。

表 3-17　胶凝材料主要技术参数

名称	水泥	矿渣粉	粉煤灰
强度/MPa	50.3	—	—
密度/(kg/m³)	3050	2800	2200
需水量(比)	27	1.0	1.03
活性指数	—	102	85

水泥检测材料用量及体积见表 3-18。

表 3-18　水泥检测材料用量及体积

名称	水泥	砂	水	水泥胶砂
用量/g	450	1350	225	2025
密度/(kg/m³)	3050	2700	1000	—
体积/dm³	0.148	0.50	0.225	0.873

1) 水泥质量强度比的计算

(1) 水泥在砂浆中的体积比。

$$V_C = \frac{0.148}{0.873} = 0.170$$

(2) 标准稠度水泥浆体的强度。

$$\sigma = \frac{50.3}{0.170} = 296(\text{MPa})$$

(3) 标准稠度水泥浆体的密度。

$$\rho_0 = \frac{3050 \times \left(1 + \dfrac{27}{100}\right)}{1 + \dfrac{3050}{1000} \times \dfrac{27}{100}} = 2124(\text{kg/m}^3)$$

(4) 水泥的质量强度比。

$$R_C = \frac{2124}{296} = 7.2(\text{kg}/(\text{MPa}\cdot\text{m}^3))$$

2) 矿渣粉活性系数

$$\alpha_3 = \frac{102 - 50}{50} = 1.04$$

3) 粉煤灰的活性系数

$$\alpha_2 = \frac{85 - 70}{30} = 0.5$$

2. 砂石主要技术参数

1) 石子主要技术参数

该项目采用潮白河 5～25mm 碎卵石，颗粒级配良好，表面干净无杂物，技术参数通过现场检测求得。试验步骤如下：

(1) 将石子装满 10L 容积桶，放到混凝土振动台振动 15s，刮平顶部石子，称量计算得到石子的堆积密度 $\rho_{G\text{堆积}}$ =1550kg/m^3。

(2) 向桶中加满水后称量计算得到石子的空隙率 P=40%。

(3) 利用石子堆积密度和空隙率计算求得石子的表观密度 $\rho_{G\text{表观}}$ =2583kg/m^3。

(4) 将桶中水倒出，将湿石子称量计算求得石子的吸水率 X_W=1%。

2) 砂子主要技术参数

该项目采用潮白中砂，级配良好，表面干净，技术参数通过现场检测求得。试验步骤如下：

(1) 将砂子装满 2 节 1L 容积桶组成的压砂桶，用压力机以 3kN/s 的速度加压至 72kN，取下顶部一节，刮平下部一节顶部砂子，称量计算求得砂子的紧密堆积密度 $\rho_S=1870kg/m^3$。

(2) 用 4.75mm 方孔筛筛分后，称量得到筛上小石子的质量，计算求得砂子含石率 $H_G=1\%$。

(3) 用国家标准方法测得砂子含水率 $H_W=2\%$。

3. 外加剂主要技术参数

称取水泥 600g、水 174g，按照厂家推荐掺量 2%进行试验，水泥净浆流动扩展度为 260mm，该项目要求混凝土拌和物坍落度为(230±30)mm，因此确定外加剂掺量为 2%。

3.5.3　C60 混凝土配合比设计

1. 配制强度

$$f_{cuo} = 60 + 1.645 \times 4 = 66.6(\text{MPa})$$

2. 胶凝材料用量

1) 基准水泥用量

$$m_{C_0} = 7.2 \times 66.6 = 480(\text{kg})$$

2) 水泥用量

$$m_C = 480 \times 0.75 = 360(\text{kg})$$

3) 矿渣粉用量

$$m_K = \frac{480 \times 0.2}{1.04} = 92(\text{kg})$$

4) 粉煤灰用量

$$m_F = \frac{480 \times 0.05}{0.5} = 48(\text{kg})$$

3. 胶凝材料标准稠度用水量

$$W_B = (360 + 92 \times 1.0 + 48 \times 1.03) \times \frac{27}{100} = 135(\text{kg})$$

4. 泌水系数

$$M_W = \frac{360 + 92 + 48}{300} - 1 = 0.67$$

5. 胶凝材料拌和用水量

$$W_1 = \frac{2}{3} \times 135 + \frac{1}{3} \times 135 \times (1 - 0.67) = 105(kg)$$

6. 胶凝材料浆体体积

$$V_{浆体} = \frac{360}{3050} + \frac{92}{2800} + \frac{48}{2200} + \frac{105}{1000} = 0.278(m^3)$$

7. 砂子用量及用水量

$$m_S = \frac{1870 \times 40\%}{1 - 1\%} = 756(kg)$$

$$W_{2min} = 756 \times (5.7\% - 2\%) = 28(kg)$$

$$W_{2max} = 756 \times (7.7\% - 2\%) = 43(kg)$$

8. 石子用量及用水量

$$m_G = (1 - 0.278 - 0.40) \times 2583 - 756 \times 1\% = 824(kg)$$

$$W_3 = 824 \times 1\% = 8(kg)$$

9. 砂石用水量

$$W_{2min+3} = 28 + 8 = 36(kg)$$

$$W_{2max+3} = 43 + 8 = 51(kg)$$

10. C60 混凝土配合比

C60 混凝土配合比见表 3-19。

表 3-19　C60 混凝土配合比　　　　　　　　　　　　（单位：kg/m³）

水泥	矿渣粉	粉煤灰	外加剂	砂	石子	拌和水	预湿水
360	92	48	10	756	824	105	36~51

11. 试配

根据设计配合比进行试配，结果见表 3-20。混凝土拌和物工作性良好，黏度适中，成型的混凝土试件 28d 强度达到设计要求。

表 3-20　C60 混凝土试配结果

1m³ 混凝土用量/kg								坍落度/mm	28d 强度/MPa
水泥	矿渣粉	粉煤灰	外加剂	砂	石子	拌和水	预湿水		
360	92	48	10	756	824	105	42	250	67.3
360	92	48	10	756	824	105	39	250	68.5
360	92	48	10	756	824	105	39	250	67.5

3.5.4　工程应用

在试验成功的基础上，采用以上配合比生产的 C60 混凝土应用于五棵松体育馆清水混凝土项目施工，生产的混凝土拌和物出厂坍落度控制在(250±10)mm，运送到现场后混凝土拌和物坍落度保留值为 250mm，没有出现离析和泌水现象，工作性优异，和易性好，易于泵送施工。混凝土拆模后无色差，表面平整，无蜂窝麻面和其他外观缺陷，达到了清水混凝土技术要求，设计单位、项目业主、现场监理和建设单位负责人非常满意，经检测评定合格。

3.6　国家大剧院 C100 混凝土配合比设计工程应用

3.6.1　项目概况

国家大剧院位于北京市中心天安门广场西侧，是亚洲最大的剧院综合体，中国国家表演艺术的最高殿堂，中外文化交流的最大平台，中国文化创意产业的重要基地，总造价 30.67 亿元。该项目由法国建筑师保罗·安德鲁主持设计，设计方为法国巴黎机场公司。其占地 11.89 万 m²，总建筑面积约 16.5 万 m²，其中主体建筑 10.5 万 m²，地下附属设施 6 万 m²，设有歌剧院、音乐厅、戏剧场以及艺术展厅、艺术交流中心、音像商店等配套设施。该项目 C100 钢管混凝土由北京城建集团有限责任公司混凝土分公司供应，为了保证产品质量，满足施工性能，采用数字量化混凝土技术进行配合比设计。

3.6.2　原材料

1. 胶凝材料主要技术参数

该项目使用鹿泉鼎鑫 P·O42.5 水泥、瑞德 S95 级矿渣粉、进口硅灰。具体参数见表 3-21。

表 3-21　胶凝材料主要技术参数

名称	水泥	矿渣粉	硅灰
强度/MPa	57	—	—
密度/(kg/m³)	3000	2800	2600
需水量(比)	27	1.0	1.0
活性指数	—	90	—
比表面积/(m²/kg)	350	—	20000
填充系数	—	—	7.0

水泥检测材料用量及体积见表 3-22。

表 3-22　水泥检测材料用量及体积

名称	水泥	砂	水	水泥胶砂
用量/g	450	1350	225	2025
密度/(kg/m³)	3000	2700	1000	—
体积/dm³	0.150	0.50	0.225	0.875

1) 水泥质量强度比的计算

(1) 水泥在砂浆中的体积比。

$$V_C = \frac{0.150}{0.875} = 0.171$$

(2) 标准稠度水泥浆体的强度。

$$\sigma_C = \frac{57}{0.171} = 333 (\text{MPa})$$

(3) 标准稠度水泥浆体的密度。

$$\rho_0 = \frac{3000 \times \left(1 + \frac{27}{100}\right)}{1 + \frac{3000}{1000} \times \frac{27}{100}} = 2105 (\text{kg/m}^3)$$

(4) 水泥的质量强度比。

$$R_C = \frac{2105}{333} = 6.3 (\text{kg/(MPa} \cdot \text{m}^3))$$

2) 矿渣粉活性系数

$$\alpha_3 = \frac{90-50}{50} = 0.8$$

3) 硅灰的填充系数

$$u_4 = \sqrt{\frac{20000 \times 2600}{350 \times 3000}} = 7.0$$

2. 砂石主要技术参数

1) 石子主要技术参数

该项目使用潮白河 5~25mm 碎石，级配合理，表面干净，压碎值为 6%，技术参数通过现场检测求得。试验步骤如下：

(1) 将石子装满 10L 容积桶，放到混凝土振动台振动 15s，刮平顶部石子，称量计算得到石子的堆积密度 $\rho_{G堆积}$=1650kg/m^3。

(2) 向桶中加满水后称量计算得到石子的空隙率 P=43%。

(3) 利用石子堆积密度和空隙率计算求得石子的表观密度 $\rho_{G表观}$=2895kg/m^3。

(4) 将桶中水倒出，将湿石子称量计算求得石子的吸水率 X_W=1.8%。

2) 砂子主要技术参数

该项目使用潮白河中砂，级配合理，表面干净，技术参数通过现场检测求得。试验步骤如下：

(1) 将砂子装满 2 节 1L 容积桶组成的压砂桶，用压力机以 3kN/s 的速度加压至 72kN，取下顶部一节，刮平下部一节顶部砂子，称量计算求得砂子的紧密堆积密度 ρ_S=1660kg/m^3。

(2) 用 4.75mm 方孔筛筛分后，称量得到筛上小石子的质量，计算求得砂子含石率 H_G=4%。

(3) 用国家标准方法测得砂子含水率 H_W=0。

3. 外加剂主要技术参数

称取水泥 600g、水 174g，按照厂家推荐掺量 3%进行试验，水泥净浆流动扩展度为 250mm，该项目要求混凝土拌和物坍落度为(250±10)mm，因此确定外加剂掺量为 3%。

3.6.3　C100 混凝土配合比设计

1. 配制强度

$$f_{cuo} = 1.15 \times 100 = 115(MPa)$$

2. 胶凝材料用量

1) 基准水泥用量

$$m_{C_0} = 6.3 \times 115 = 725(\text{kg})$$

2) 水泥用量

$$m_C = 725 \times 0.62 = 450(\text{kg})$$

3) 矿渣粉用量

$$m_K = \frac{725 \times 0.138}{0.8} = 125(\text{kg})$$

4) 硅灰用量

$$m_{Si} = \frac{725 \times (1 - 0.62 - 0.138)}{7.0} = 25(\text{kg})$$

3. 胶凝材料标准稠度用水量

$$W_B = (450 + 125 \times 1.0 + 25 \times 1.0) \times \frac{27}{100} = 162(\text{kg})$$

4. 泌水系数

$$M_W = \frac{450 + 125 + 25}{300} - 1 = 1$$

5. 胶凝材料拌和用水量

$$W_1 = \frac{2}{3} \times 162 + \frac{1}{3} \times 162 \times (1 - 1) = 108(\text{kg})$$

6. 胶凝材料浆体体积

$$V_{浆体} = \frac{450}{3000} + \frac{125}{2800} + \frac{25}{2600} + \frac{108}{1000} = 0.312(\text{m}^3)$$

7. 砂子用量及用水量

$$m_S = \frac{1660 \times 43\%}{1 - 4\%} = 744(\text{kg})$$

$$W_{2\min} = 744 \times 5.7\% = 42(\text{kg})$$

$$W_{2\max} = 744 \times 7.7\% = 57(\text{kg})$$

8. 石子用量及用水量

$$m_{\mathrm{G}} = (1 - 0.312 - 0.43) \times 2895 - 744 \times 4\% = 717(\mathrm{kg})$$
$$W_3 = 717 \times 1.8\% = 13(\mathrm{kg})$$

9. 砂石用水量

$$W_{2\min+3} = 42 + 13 = 55(\mathrm{kg})$$
$$W_{2\max+3} = 57 + 13 = 70(\mathrm{kg})$$

10. C100 混凝土配合比

C100 混凝土配合比见表 3-23。

表 3-23　C100 混凝土配合比　　　　　　(单位：kg/m³)

水泥	矿渣粉	硅灰	外加剂	砂	石子	拌和水	预湿水
450	125	25	18	744	717	108	55～70

11. 试配

根据设计配合比进行试配，结果见表 3-24。混凝土拌和物工作性良好，黏度适中，成型的混凝土试件 28d 强度达到设计要求。

表 3-24　C100 混凝土试配结果

1m³ 混凝土用量/kg								坍落度 /mm	28d 强度 /MPa
水泥	矿渣粉	硅灰	外加剂	砂	石子	拌和水	预湿水		
450	125	25	18	744	717	108	55	260	117.5
450	125	25	18	744	717	108	55	260	121.3
450	125	25	18	744	717	108	55	260	119.8

3.6.4　工程应用

在试验成功的基础上，采用以上配合比生产的混凝土应用于国家大剧院 C100 钢管混凝土施工，混凝土拌和物出厂坍落度控制在(250±10)mm，运送到现场后混凝土拌和物坍落度保留值为 240mm，没有出现离析和泌水现象，工作性优异，和易性好，满足钢管自流平混凝土技术要求，设计单位、项目业主、现场监理和建设单位负责人非常满意，经检测评定合格。

3.7　UHPC120 高强高性能混凝土工程试验及应用

3.7.1　技术背景

UHPC，也称为活性粉末混凝土(reactive powder concrete，RPC)，是过去三十年中最具创新性的水泥基工程材料，实现了工程材料性能的大跨越。在中铁隧道局建设兰张十八里铺桥的过程中，406 榀箱梁设计使用 UHPC120，因此该项目进行了配合比设计和试验。根据多组分混凝土理论，UHPC120 粒径颗粒以最佳比例形成最紧密堆积，即毫米级颗粒(骨料)堆积的间隙由微米级颗粒(水泥、粉煤灰、矿粉)填充，微米级颗粒堆积的间隙由亚微米级颗粒(硅灰)填充，流动性通过外加剂的表面活性作用产生，同时使用镀铜钢纤维提高混凝土的韧性，最高抗压强度超过 400MPa。

利用多组分混凝土理论进行设计，充分发挥外加剂增加流动性的功能，实现了 UHPC120 自密实自流平，同时实现常压和常温养护，UHPC 是一种高强度、高韧性、低孔隙率的超高强水泥基材料。基本配制方法是：通过提高组分的细度与活性，不使用粗骨料，使材料内部的缺陷(孔隙与微裂缝)减到最少，以获得超高强度与高耐久性。

UHPC 与普通混凝土或高性能混凝土的不同之处包括：不使用粗骨料，必须使用硅灰和纤维(钢纤维或复合有机纤维)，水泥用量较大，水胶比很低。UHPC 堪称耐久性最好的工程材料，适当配筋的 UHPC 力学性能接近钢结构，同时 UHPC 具有优良的耐磨、抗爆性能。因此，UHPC 特别适合用于大跨径桥梁、抗爆结构(军事工程、银行金库等)和薄壁结构，以及用在高磨蚀、高腐蚀环境。目前，UHPC 已经在一些实际工程中应用，如大跨径人行天桥、公路铁路桥梁、薄壁筒仓、核废料罐、钢索锚固加强板、ATM 机保护壳等。

3.7.2　原材料

1. 水泥

水泥的基本技术参数见表 3-25。

表 3-25　水泥基本技术参数

水泥品种	比表面积/(m²/kg)	标准稠度/%	抗折强度/MPa		抗压强度/MPa	
			3d	28d	3d	28d
P·O52.5	333	27	6.3	9.1	40.5	62.3

2. 硅灰

硅灰的基本技术参数见表 3-26。

表 3-26　硅灰基本技术参数

比表面积/(m²/kg)	密度/(kg/m³)	需水量比
2000	2600	1.0

3. 石英粉

石英粉由天然石英矿石粉末制得，颗粒粒径小于 0.08mm，表观密度为 2650kg/m³。

4. 石英砂

石英砂由天然石英矿粉碎制得，按照颗粒粒径分布，分为 0.08～0.16mm、0.16～0.3mm 和 0.3～0.6mm 三级，表观密度为 2650kg/m³。在该项目 UHPC120 混凝土配合比设计过程中，将以上三种粒径石英砂按照质量比 2∶3∶5 混合后使用。

5. 外加剂

本次试验及工程应用采用的是高性能聚羧酸系减水剂，技术指标见表 3-27。

表 3-27　高性能聚羧酸系减水剂的技术指标

减水率/%	碱含量/%	相对密度(20℃)	pH	固含量/%	对钢筋腐蚀
26	0.35	1.02	7.3	21	无

6. 镀铜钢纤维

镀铜钢纤维直径为 0.18～0.23mm，长度为 12～14mm，抗拉强度不低于 2850MPa。

3.7.3　技术方案

(1) 硅酸盐水泥基超高强混凝土体系是以硅酸盐 52.5 级水泥为基材，添加硅灰、石英粉、石英砂、镀铜钢纤维、聚羧酸系减水剂配制成抗压强度大于 120MPa、抗折强度大于 14MPa 的特种材料。

(2) 与传统混凝土制品相比，其硬化速度快，在 24h 即可达到抗压 20MPa 以上，可实现模具快速脱模周转。

(3) 可以根据现场工艺需要调整操作时间以及工作状态，满足不同工艺条件的需要。

(4) 后期强度大于 120MPa，现场常温养护 8h 脱模，加温时脱模速度更快。

3.7.4 胶凝材料的技术参数及其相关数据计算

1. 胶凝材料主要技术参数

胶凝材料主要技术参数见表 3-28。

表 3-28 胶凝材料主要技术参数

名称	水泥	硅灰
强度/MPa	52.5	—
密度/(kg/m³)	3000	2600
需水量(比)	27	1.0
比表面积/(m²/kg)	333	2000

2. 水泥质量强度比的计算

水泥检测材料用量及体积见表 3-29。

表 3-29 水泥检测材料用量及体积

名称	水泥	砂	水	水泥胶砂
用量/g	450	1350	225	2025
密度/(kg/m³)	3000	2700	1000	—
体积/dm³	0.15	0.50	0.225	0.875

1) 水泥在砂浆中的体积比

$$V_C = \frac{0.15}{0.875} = 0.171$$

2) 标准稠度水泥浆体的强度

$$\sigma = \frac{52.5}{0.171} = 307(\text{MPa})$$

3) 标准稠度水泥浆体的密度

$$\rho_0 = \frac{3000 \times \left(1 + \dfrac{27}{100}\right)}{1 + \dfrac{3000}{1000} \times \dfrac{27}{100}} = 2105(\text{kg/m}^3)$$

4) 水泥的质量强度比

$$R_C = \frac{2105}{307} = 6.86(\text{kg}/(\text{MPa} \cdot \text{m}^3))$$

3. 硅灰的填充系数

$$u_4 = \sqrt{\frac{2600 \times 2000}{3000 \times 333}} = 2.3$$

3.7.5　配合比设计计算及试验

1. 混凝土配合比设计计算

1) 配制强度

$$f_{\text{cuo}} = 120 \times 1.15 = 138(\text{MPa})$$

2) 胶凝材料用量

(1) 基准水泥用量。

$$m_{C_0} = 138 \times 6.86 = 947(\text{kg})$$

(2) 水泥用量。

$$m_C = 947 \times 0.9 = 852(\text{kg})$$

(3) 硅灰用量。

$$m_{\text{Si}} = \frac{947 \times 0.1}{2.3} = 41(\text{kg})$$

3) 胶凝材料拌和用水量

$$W_B = (852 + 41 \times 1) \times \frac{27}{100} \times \frac{2}{3} = 161(\text{kg})$$

4) 胶凝材料浆体体积

$$V_{\text{浆体}} = \frac{852}{3000} + \frac{41}{2600} + \frac{161}{1000} = 0.461(\text{m}^3)$$

5) 石英粉用量及用水量

考虑包裹性和石英粉的化学反应，石英粉取 300kg。

石英粉用水量为

$$W_{\text{石英粉}} = 300 \times 5.7\% = 17(\text{kg})$$

6) 石英砂用量及用水量

$$V_{\text{石英砂}} = 1 - 0.461 - \frac{300}{2650} = 0.428(\text{m}^3)$$

$$m_{S石英砂} = 2650 \times 0.428 = 1134 (kg)$$

石英砂用水量为

$$W_{石英砂} = 1134 \times 3\% = 34 (kg)$$

石英砂 0.08～0.16mm、0.16～0.3mm 和 0.3～0.6mm 三个级配的比例为 2:3:5，其用量分别为 227kg、340kg、567kg。

7) C120 混凝土配合比

C120 混凝土配合比见表 3-30。

表 3-30　C120 混凝土配合比　　　　　　　（单位：kg/m³）

水泥	硅灰	石英粉 (<0.08mm)	石英砂			外加剂	总用水
			0.08～0.16mm	0.16～0.3mm	0.3～0.6mm		
852	41	300	227	340	567	4%～8%	211

2. C120 混凝土试验检测结果

C120 混凝土检测结果见表 3-31。

表 3-31　C120 混凝土检测结果

名称	坍落度/mm	扩展度/mm	强度/MPa		
			3d	7d	28d
UHPC120	260	600	93	129	142
UHPC120	260	650	88	120	137
UHPC120	260	650	91	125	141

3.7.6　试验结论

根据设计配合比进行试配，混凝土拌和物工作性良好，坍落度损失很小，7d 强度达到设计强度的 100%要求，达到了中铁隧道局兰张高铁对高强高性能混凝土的技术要求，设计的配合比可以用于 UHPC120 高铁箱梁的生产。

第4章　固定胶凝材料调整配合比的方法及工程应用

4.1　固定胶凝材料调整配合比的方法

4.1.1　存在的问题及产生的原因

近年来由于水泥行业的大规模兼并重组，我国的水泥企业越来越大，设备越来越先进，生产的水泥产品质量相对而言比以前稳定。矿物掺合料的生产由于资源相对集中，生产企业设备的大型化，产品质量也比以前稳定。外加剂作为一种化工合成的产品，由于各厂家都采用现场试验的方法验收，质量是稳定的。随着建设规模的增大以及环境治理力度的增加，砂石的供应渐趋紧张，导致砂子的质量波动非常大，严重影响混凝土的质量。

在当前混凝土的生产过程中，除了根据原材料技术参数设计配合比，大多数混凝土生产企业都已经有固定的配合比，当原材料质量稳定时，生产过程是稳定的，混凝土产品的质量也是稳定的。当原材料的质量发生变化时，如果配合比没有调整，就会引起混凝土质量的变化。经过现场调研和分析，当前混凝土生产过程中影响质量的最主要原因是砂子质量的波动，表现在紧密堆积密度的变化、含石率的变化、吸水率的变化以及级配的变化。

砂子紧密堆积密度变化的主要原因是矿山资源的多元化、母岩密度的变化以及机制砂中石粉含量的波动。砂子含石率变化主要是由生产、运输及堆垛过程中砂子离析引起的。在混凝土生产过程中，铲车总是先铲取外围含粗颗粒的砂子，最后使用中间细粉较多的砂子，导致混凝土生产过程中粒径 4.75mm 以上小石子含量不同。砂子吸水率的变化主要是由于制造砂子的母岩开口孔隙率不同、砂子含粉量不同以及砂子含水率不同。砂子级配不好的主要原因是在堆垛过程中砂子的离析。

4.1.2　技术原理和方法

为了解决砂子质量波动引起的混凝土质量问题，在固定胶凝材料的情况下，可以通过现场测量砂石技术参数以及科学计算的方法调整混凝土配合比，以便满足工程设计的要求。具体的方法就是首先对砂石进行测量，石子的测量包括石子堆积密度、空隙率、吸水率的测量及表观密度的计算。砂子的测量包括砂子紧密堆积密度、含石率、含水率和压力吸水率。在配制混凝土时，天然砂用水量控制在 6%～8%，主要考虑的是砂的溶胀；机制砂用水量控制在 5.7%～7.7%，主要考虑的是与水泥检测使用的标准砂对应；对于再生骨料，配合比设计过程中水的用量是以压力吸水法测得的吸水率作为依据，土建项目压力值控制在 72kN，桥梁墩柱的压力值控制在 200kN。然后根据砂石检测出来的参数，采用数字量化混凝土配合比设计方法进行配合比调整计算。

4.1.3　固定胶凝材料调整混凝土配合比的方法

1. 原配合比及原材料参数

1) 原混凝土配合比
原混凝土配合比见表 4-1。

表 4-1　原混凝土配合比

水泥	粉煤灰	矿渣粉	硅灰	砂	石子	水	外加剂
C	F	K	Si	S	G	W	A

2) 胶凝材料主要参数
胶凝材料主要参数见表 4-2。

表 4-2　胶凝材料主要参数

名称	水泥	粉煤灰	矿渣粉	硅灰
密度	ρ_C	ρ_F	ρ_K	ρ_{Si}
需水量(比)	W_0	β_F	β_K	β_{Si}

3) 砂子参数
砂子主要技术参数见表 4-3。

表 4-3　砂子主要技术参数

名称	紧密堆积密度	含石率	含水率	压力吸水率
指标	ρ_S	H_G	H_W	Y_W

4) 石子
石子主要技术参数见表 4-4。

表 4-4　石子主要技术参数

名称	堆积密度	空隙率	表观密度	吸水率
指标	$\rho_{G堆积}$	P	$\rho_{G表观}$	X_W

2. 配合比调整计算步骤

1) 胶凝材料标准稠度用水量

$$W_B = (m_C + m_F \times \beta_F + m_K \times \beta_K + m_{Si} \times \beta_{Si}) \times \frac{W_0}{100} \tag{4-1}$$

2) 泌水系数

$$M_W = \frac{m_C + m_F + m_K + m_{Si}}{300} - 1 \tag{4-2}$$

3) 胶凝材料拌和用水量

$$W_1 = \frac{2}{3} W_B + \frac{1}{3} W_B (1 - M_W) \tag{4-3}$$

4) 胶凝材料浆体体积

$$V_{浆体} = \frac{m_C}{\rho_C} + \frac{m_K}{\rho_K} + \frac{m_F}{\rho_F} + \frac{W_1}{\rho_W} \tag{4-4}$$

5) 砂子用量及用水量

(1) 砂子用量。

$$m_S = \frac{\rho_S \times P}{1 - H_G} \tag{4-5}$$

(2) 常规砂石用水量。

$$W_{2min} = (5.7\% - H_W) \times m_S \tag{4-6}$$

$$W_{2max} = (7.7\% - H_W) \times m_S \tag{4-7}$$

(3) 再生骨料用水量。

$$W_2 = m_S \times Y_W \tag{4-8}$$

6) 石子用量及用水量

$$m_G = (1 - V_{浆体} - P) \times \rho_{G表观} - m_S \times H_G \tag{4-9}$$

$$W_3 = m_G \times X_W \tag{4-10}$$

7) 砂石用水量

$$W_{2min+3} = W_{2min} + W_3 \tag{4-11}$$

$$W_{2max+3} = W_{2max} + W_3 \tag{4-12}$$

8) 调整后的配合比

调整后的配合比见表 4-5。

表 4-5　调整后的配合比

水泥	矿渣粉	粉煤灰	硅灰	砂	石子	外加剂	拌和水	预湿水
C	K	F	Si	S	G	A	W_1	W_{2+3}

4.1.4　试配及现场调整

采用调整后的配合比进行试配,会出现以下三种结果:①工作性达到预期效果;②混凝土工作性不好,加入水分调整,混凝土拌和物出现泌水现象,加入外加剂调整,混凝土拌和物出现泌浆现象;③混凝土工作性不好,加入水分调整,混凝土拌和物看起来很稀,测量时出现有坍落度但没有流动性的现象,加入外加剂调整,外加剂掺量成倍增加,掺量达到一定值后出现明显的离析泌浆现象。

根据试配现场存在的问题,我们必须在现场进行总结和调整处理,对于大多数企业,经过调整后混凝土的工作性能够达到预期效果的,可以直接用于生产。但是对于出现混凝土拌和物工作性不好,加入水分调整,混凝土拌和物出现泌水现象,加入外加剂调整,混凝土拌和物出现泌浆现象的情况,是砂子中缺少细颗粒引起的,将砂子中 0.15mm、0.30mm 和 0.60mm 三个筛分计筛余调整到 20%就可以达到预期的工作性。对于混凝土拌和物工作性不好,加入水分调整,混凝土拌和物看起来很稀,测量时出现有坍落度但没有流动性的现象,加入外加剂调整,外加剂掺量成倍增加,掺量达到一定值后出现明显的离析泌浆现象,是砂子中缺少粗颗粒引起的,将砂子中 0.60mm、1.18mm 和 2.36mm 三个筛分计筛余调整到 20%就可以达到预期的工作性。

4.2　河北省邯郸市 C30 混凝土配合比设计工程应用

4.2.1　企业概况

河北省邯郸市某混凝土公司拥有十多条混凝土生产线,设计产能达 520 万 m^3,分布在邯郸两区五县(峰峰矿区、邯山区、馆陶县、魏县、大名县、邯郸县、成安县),生产规模、地域优势、区域协调性、市场占有率在邯郸区域均位列前茅。企业拥有大量的尾矿资源,为了充分利用这些尾矿代替砂石生产混凝土,提高公司产品竞争力,降低企业生产成本,公司决定对技术人员进行固定胶凝材料调整混凝土配合比技术的现场培训。

4.2.2　原材料主要技术参数

1. 胶凝材料主要技术参数

胶凝材料主要技术参数见表 4-6。

表 4-6　胶凝材料主要技术参数

名称	水泥	矿渣粉	粉煤灰
用量/kg	281	89	63
密度/(kg/m³)	3000	2800	2200
需水量(比)	26	0.99	0.97

2. 砂石主要技术参数

1) 石子主要技术参数

使用当地产 5～31.5mm 碎石，颗粒级配较差，技术参数通过现场检测求得，具体数据见表 4-7。

表 4-7　石子的主要技术参数

堆积密度/(kg/m³)	表观密度/(kg/m³)	空隙率/%	吸水率/%
1612	2732	41	2.3

2) 石屑主要技术参数

为了充分利用矿山废料，使用水泥厂矿山石屑代替砂子，技术参数通过现场检测求得，具体数据见表 4-8。

表 4-8　石屑主要技术参数

紧密堆积密度/(kg/m³)	含石率/%	压力吸水率/%
2065	2.7	5.2

3. 外加剂主要技术参数

称取 600g 水泥、168g 水，按照外加剂公司推荐掺量 2%进行试验，水泥净浆流动扩展度为 250mm，该项目要求混凝土拌和物坍落度为(220±30)mm，因此确定外加剂掺量为 2%。

4.2.3　配合比调整计算

1. 胶凝材料标准稠度用水量

$$W_B = (281 + 89 \times 0.99 + 63 \times 0.97) \times \frac{26}{100} = 112 (\text{kg})$$

2. 泌水系数

$$M_W = \frac{281+89+63}{300} - 1 = 0.44$$

3. 胶凝材料拌和用水量

$$W_1 = \frac{2}{3} \times 112 + \frac{1}{3} \times 112 \times (1-0.44) = 96(kg)$$

4. 胶凝材料浆体体积

$$V_{浆体} = \frac{281}{3000} + \frac{89}{2800} + \frac{63}{2200} + \frac{96}{1000} = 0.250(m^3)$$

5. 石屑用量及用水量

$$m_S = \frac{2065 \times 41\%}{1-2.7\%} = 870(kg)$$

$$W_2 = 870 \times 5.2\% = 45(kg)$$

6. 石子用量及用水量

$$m_G = (1-0.250-41\%) \times 2732 - 870 \times 2.7\% = 905(kg)$$

$$W_3 = 905 \times 2.3\% = 21(kg)$$

7. 砂石用水量

$$W_{2+3} = 45 + 21 = 66(kg)$$

8. C30 混凝土配合比

C30 混凝土配合比见表 4-9。

表 4-9　C30 混凝土配合比　　　　　　　　（单位：kg/m³）

水泥	矿渣粉	粉煤灰	石屑	石子	外加剂	拌和水	预湿水
281	89	63	870	905	7.8	96	66

9. 试配

用以上配合比试配，结果见表 4-10。混凝土拌和物工作性良好，成型的混凝土试件 28d 强度达到设计要求。

表 4-10　C30 混凝土试配结果

1m³ 混凝土用量/kg								坍落度 /mm	28d 强度 /MPa
水泥	矿渣粉	粉煤灰	外加剂	石屑	石子	拌和水	预湿水		
281	89	63	7.8	870	905	96	66	240	37.5
281	89	63	7.8	870	905	96	66	250	40.3
281	89	63	7.8	870	905	96	66	250	39.8

4.2.4　工程应用

经检测合格后，采用以上配合比生产的 C30 混凝土应用于峰峰矿区住宅工程施工，混凝土拌和物出厂坍落度控制在(220±30)mm，运送到现场后，混凝土拌和物坍落度保留值为 220mm，没有出现离析和泌水现象，工作性优异，和易性好。经过现场测试，原来泵送 18m³ 混凝土拌和物需要 25min，调整后只用 8min，调整配合比后生产的混凝土易于泵送，方便施工，混凝土拆模后表面平整，无蜂窝麻面和其他外观缺陷，用户非常满意，经检测评定合格。

4.3　贵州省安顺市 C35 混凝土配合比设计工程应用

4.3.1　企业概况

贵州省安顺市某混凝土公司拥有六条混凝土生产线、三个分公司，设计产能 80 万 m³，是当地的混凝土骨干企业。最近几年由于资源紧缺，砂石供应不足，严重影响企业生产，为此公司决定通过引进先进技术，充分利用当地固废资源，降低企业生产成本，更好地服务于经济建设，对技术人员进行了固定胶凝材料调整混凝土配合比技术培训，安装了预湿骨料设备，然后进行了工业化生产，达到了预期的效果。

4.3.2　原材料主要技术参数

1. 胶凝材料主要技术参数

胶凝材料主要技术参数见表 4-11。

表 4-11　胶凝材料主要技术参数

名称	水泥	矿渣粉	粉煤灰
用量/kg	280	50	50
密度/(kg/m³)	3000	2800	2200
需水量(比)	26	1.01	1.02

2. 砂石主要技术参数

1) 石子主要技术参数

使用当地产 5~31.5mm 碎石，颗粒级配较差，技术参数通过现场检测求得，具体数据见表 4-12。

表 4-12　石子的主要技术参数

堆积密度/(kg/m³)	表观密度/(kg/m³)	空隙率/%	吸水率/%
1561	2702	42.2	2.0

2) 石粉主要技术参数

为充分利用当地固废资源，选用当地矿山固废石粉代替砂子配制混凝土，技术参数通过现场检测求得，具体数据见表 4-13。

表 4-13　石粉的主要技术参数

紧密堆积密度/(kg/m³)	含石率/%	压力吸水率/%
2005	12	5.7

3. 外加剂主要技术参数

称取 600g 水泥、168g 水，按照厂家推荐掺量 2%进行试验，水泥净浆流动扩展度为 250mm，该项目要求混凝土拌和物坍落度为(220±30)mm，因此确定外加剂掺量为 2%。

4.3.3　配合比调整计算

1. 胶凝材料标准稠度用水量

$$W_B = (280 + 50 \times 1.01 + 50 \times 1.02) \times \frac{26}{100} = 99(\text{kg})$$

2. 泌水系数

$$M_W = \frac{280 + 50 + 50}{300} - 1 = 0.27$$

3. 胶凝材料拌和用水量

$$W_1 = \frac{2}{3} \times 99 + \frac{1}{3} \times 99 \times (1 - 0.27) = 90(\text{kg})$$

4. 胶凝材料浆体体积

$$V_{浆体} = \frac{280}{3000} + \frac{50}{2800} + \frac{50}{2200} + \frac{90}{1000} = 0.224(m^3)$$

5. 石粉用量及用水量

$$m_S = \frac{2005 \times 42.2\%}{1 - 12\%} = 961(kg)$$

$$W_2 = 961 \times 5.7\% = 55(kg)$$

6. 石子用量及用水量

$$m_G = (1 - 0.224 - 0.422) \times 2702 - 961 \times 12\% = 841(kg)$$

$$W_3 = 841 \times 2.0\% = 17(kg)$$

7. 砂石用水量

$$W_{2+3} = 55 + 17 = 72(kg)$$

8. C35 混凝土配合

C35 混凝土配合比见表 4-14。

表 4-14　C35 混凝土配合比　　　（单位：kg/m³）

水泥	矿渣粉	粉煤灰	石粉	石子	外加剂	拌和水	预湿水
280	50	50	961	841	7.6	90	72

9. 试配

根据以上配合比进行试配，结果见表 4-15。混凝土拌和物工作性良好，成型的混凝土试件 28d 强度达到设计要求。

表 4-15　C35 混凝土试配结果

1m³ 混凝土用量/kg								坍落度 /mm	28d 强度 /MPa
水泥	矿渣粉	粉煤灰	外加剂	石粉	石子	拌和水	预湿水		
280	50	50	7.6	961	841	90	72	220	42.5
280	50	50	7.6	961	841	90	72	230	43.3
280	50	50	7.6	961	841	90	72	230	43.8

4.3.4　工程应用

在试验成功的基础上，采用以上配合比生产的 C35 混凝土应用于安顺开发区市政工程项目施工，混凝土拌和物出厂坍落度控制在(220±30)mm，运送到现场后，混凝土拌和物坍落度保留值为 220mm，没有出现离析和泌水现象，工作性优异，和易性好。经过现场测试，原来泵送 12m³ 混凝土拌和物需要 20min，调整后只用 6min，易于泵送施工，混凝土拆模后表面平整，无外观缺陷，用户非常满意，经检测评定合格。

4.4　甘肃省兰州市 C30 混凝土配合比设计工程应用

4.4.1　企业概况

甘肃省兰州市某混凝土公司拥有五条混凝土生产线、三个分公司，设计产能 60 万 m³。由于兰州位于黄土地段，加上地形特殊，砂石供应不足，严重影响企业的生产。为解决这一难题，公司决定引进新技术，充分利用容易采购的石灰石尾矿代替砂子，一方面可以保障生产稳定进行，另一方面可以降低企业生产成本，更好地服务于经济建设，对技术人员进行了固定胶凝材料调整混凝土配合比技术培训。

4.4.2　原材料主要技术参数

1. 胶凝材料主要技术参数

胶凝材料主要技术参数见表 4-16。

表 4-16　胶凝材料主要技术参数

名称	水泥	矿渣粉	粉煤灰
用量/kg	260	80	50
密度/(kg/m³)	3000	2800	2200
需水量(比)	26	1.0	1.03

2. 砂石主要技术参数

1) 石子主要技术参数

使用当地产 5~31.5mm 碎石，颗粒级配较差，技术参数通过现场检测求得，具体数据见表 4-17。

表 4-17   石子的主要技术参数

堆积密度/(kg/m³)	表观密度/(kg/m³)	空隙率/%	吸水率/%
1681	2738	38.6	2.3

2) 尾矿砂的主要技术参数

为了保证供应量,选用当地矿山储量大、易于采购的石灰石尾矿砂代替砂子,尾矿砂级配较差,技术参数通过现场检测求得,具体数据见表 4-18。

表 4-18   尾矿砂的主要技术参数

紧密堆积密度/(kg/m³)	含石率/%	压力吸水率/%
2100	8	7.5

3. 外加剂主要技术参数

称取 600g 水泥、168g 水,按照厂家推荐掺量 2%进行试验,水泥净浆流动扩展度为 250mm,该项目要求混凝土拌和物坍落度为(220±30)mm,因此确定外加剂掺量为 2%。

4.4.3   配合比调整计算

1. 胶凝材料用水量

$$W_B = (260 + 80 \times 1.0 + 50 \times 1.03) \times \frac{26}{100} = 102(\text{kg})$$

2. 泌水系数

$$M_W = \frac{260 + 80 + 50}{300} - 1 = 0.3$$

3. 胶凝材料拌和用水量

$$W_1 = \frac{2}{3} \times 102 + \frac{1}{3} \times 102 \times (1 - 0.3) = 92(\text{kg})$$

4. 胶凝材料浆体体积

$$V_{浆体} = \frac{260}{3000} + \frac{80}{2800} + \frac{50}{2200} + \frac{92}{1000} = 0.230(\text{m}^3)$$

5. 尾矿砂用量及用水量

$$m_S = \frac{2100 \times 38.6\%}{1 - 8\%} = 881(kg)$$

$$W_2 = 881 \times 7.5\% = 66(kg)$$

6. 石子用量及用水量

$$m_G = (1 - 0.230 - 0.386) \times 2738 - 881 \times 8\% = 981(kg)$$

$$W_3 = 981 \times 2.3\% = 23(kg)$$

7. 砂石用水量

$$W_{2+3} = 66 + 23 = 89(kg)$$

8. C30 混凝土配合比

C30 混凝土配合比见表 4-19。

表 4-19　C30 混凝土配合比　　　　　　　（单位：kg/m³）

水泥	矿渣粉	粉煤灰	尾矿砂	石子	外加剂	拌和水	预湿水
260	80	50	881	981	7.6	92	89

9. 试配

根据配合比进行试配，结果见表 4-20。混凝土拌和物工作性良好，成型的混凝土试件 28d 强度达到设计要求。

表 4-20　C30 混凝土试配结果

1m³ 混凝土用量/kg								坍落度 /mm	28d 强度 /MPa
水泥	矿渣粉	粉煤灰	外加剂	尾矿砂	石子	拌和水	预湿水		
260	80	50	7.6	881	981	92	89	240	37.5
260	80	50	7.6	881	981	92	89	240	36.6
260	80	50	7.6	881	981	92	89	250	37.8

4.4.4　工程应用

在试验成功的基础上，采用以上配合比生产的 C30 混凝土应用于兰州新区住宅项目施工，混凝土拌和物出厂坍落度控制在(220±30)mm，运送到现场后，混凝土拌和物没有出现离析和泌水现象，工作性优异，和易性好。混凝土拆模后表面平整，无蜂窝麻面和其他外观缺陷，用户非常满意，质量评定合格。

4.5　广西壮族自治区梧州市 C30 混凝土配合比设计工程应用

4.5.1　企业概况

广西壮族自治区梧州市某混凝土公司是当地龙头企业，拥有四条混凝土生产线，设计产能 60 万 m³，为了充分利用当地资源，公司决定引进国内先进技术，在混凝土生产过程中使用矿山固废，降低企业生产成本。对技术人员进行了固定胶凝材料调整混凝土配合比技术培训，安装了预湿骨料设备，然后进行了工业化生产，达到了预期的效果。

4.5.2　原材料主要技术参数

1. 胶凝材料主要技术参数

胶凝材料主要技术参数见表 4-21。

表 4-21　胶凝材料主要技术参数

名称	水泥	粉煤灰
用量/kg	253	114
密度/(kg/m³)	3000	2200
需水量(比)	27	1.05

2. 砂石主要技术参数

1) 石子主要技术参数

使用当地产 5～31.5mm 碎石，级配较差，技术参数通过现场检测求得，具体数据见表 4-22。

表 4-22　石子的主要技术参数

堆积密度/(kg/m³)	表观密度/(kg/m³)	空隙率/%	吸水率/%
1663	2877	42.2	1.3

2) 石粉主要技术参数

选用矿山储存量大、易于采购的石灰石矿石粉代替砂子，技术参数通过现场检测求得，具体数据见表4-23。

表 4-23　石粉的主要技术参数

紧密堆积密度/(kg/m³)	含石率/%	压力吸水率/%
2125	11.3	7.3

3. 外加剂主要技术参数

称取 600g 水泥、174g 水，按照厂家推荐掺量 2%进行试验，水泥净浆流动扩展度为 250mm，该项目要求混凝土拌和物坍落度为(220±30)mm，因此确定外加剂掺量为 2%。

4.5.3　配合比调整计算

1. 胶凝材料用水量

$$W_B = (253 + 114 \times 1.05) \times \frac{27}{100} = 101(\text{kg})$$

2. 泌水系数

$$M_W = \frac{253 + 114}{300} - 1 = 0.22$$

3. 胶凝材料拌和用水量

$$W_1 = \frac{2}{3} \times 101 + \frac{1}{3} \times 101 \times (1 - 0.22) = 94(\text{kg})$$

4. 胶凝材料浆体体积

$$V_{浆体} = \frac{253}{3000} + \frac{114}{2200} + \frac{94}{1000} = 0.230(\text{m}^3)$$

5. 石粉用量及用水量

$$m_S = \frac{2125 \times 42.2\%}{1 - 11.3\%} = 1011(\text{kg})$$

$$W_2 = 1011 \times 7.3\% = 74(\text{kg})$$

6. 石子用量及用水量

$$m_G = (1 - 0.230 - 0.422) \times 2877 - 1011 \times 11.3\% = 887(kg)$$
$$W_3 = 887 \times 1.3\% = 12(kg)$$

7. 砂石用水量

$$W_{2+3} = 74 + 12 = 86(kg)$$

8. C30 混凝土配合比

C30 混凝土配合比见表 4-24。

表 4-24　C30 混凝土配合比　　　　（单位：kg/m³）

水泥	粉煤灰	石粉	石子	外加剂	拌和水	预湿水
253	114	1011	887	9.2	94	86

9. 试配

根据配合比进行试配，结果见表 4-25。混凝土拌和物工作性良好，成型的混凝土试件 28d 强度达到设计要求。

表 4-25　C30 混凝土试配结果

1m³ 混凝土用量/kg							坍落度/mm	28d 强度/MPa
水泥	粉煤灰	外加剂	石粉	石子	拌和水	预湿水		
253	114	9.2	1011	887	94	86	230	36.5
253	114	9.2	1011	887	94	86	220	36.6
253	114	9.2	1011	887	94	86	230	37.8

4.5.4　工程应用

在试验成功的基础上，采用以上配合比生产的 C30 混凝土应用于恒大广场施工，混凝土拌和物出厂坍落度控制在(220±30)mm，运送到现场后，混凝土拌和物坍落度保留值为 220mm，没有出现离析和泌水现象，工作性优异，和易性好。经过现场测试，原来泵送 9m³ 混凝土拌和物平均需要花费 15min，调整后平均只需要 5min，易于泵送，方便施工，混凝土拆模后表面平整，无外观缺陷，用户非常满意，经检测评定合格。

第5章 利用一组已知配合比设计配合比的方法及工程应用

5.1 利用一组已知配合比设计配合比的方法

5.1.1 存在的问题及产生的原因

随着工程建设的快速发展，技术人员的培养跟不上建设速度，特别是三四线城市、高速公路和高速铁路的现场拌和站，混凝土技术人才奇缺，技术资料匮乏，考虑施工环境和施工速度，许多技术人员到达现场后只能拿到一组混凝土配合比及强度数据。由于施工部位的不同，施工现场需要一系列不同的混凝土配合比，如果从头开始试配，时间就不够用，严重影响施工进度，如果直接出配合比，又没有科学的计算依据，凭感觉出具的配合比无法保证混凝土质量。

产生这种问题的根本原因就是施工现场技术人员配备不足，没有技术资料积累的过程，技术管理滞后。为了解决这个困扰施工现场的难题，在保证施工所用原材料与已知配合比参数一致的情况下，可以利用已知混凝土配合比和强度，结合多组分混凝土理论和数字量化混凝土实用技术，通过调整计算，设计出一系列符合工程设计要求的混凝土配合比。

这一调整计算方法的基础是原材料技术参数不变，即水泥的强度、需水量和密度不变，砂子的紧密堆积密度、含石率、含泥量和压力吸水率不变，石子的空隙率、表观密度和吸水率不变，外加剂的掺量和减水率不变，生产工艺和原来一致。

5.1.2 技术原理和方法

为了实现利用一组已知配合比数据，调整计算得到一系列满足工程设计要求的混凝土配合比，在配合比调整计算的过程中，由于粉煤灰的活性较低，不考虑它的反应活性，在包裹性方面，将粉煤灰当胶凝材料使用，在强度方面，把粉煤灰当细砂子使用，而水泥、矿渣粉和硅灰按照具有活性的胶凝材料计算。在计算过程中，首先计算出为混凝土提供 1MPa 强度所使用的水泥、矿渣粉和硅灰用量，按照等比例的用量求出设计所需强度混凝土对应的水泥、矿渣粉和硅灰用量，粉煤灰用量不变，然后求出胶凝材料的体积、标准稠度用水量和拌和用水量，等比例添加外加剂，剩余的体积用砂石补足。如果条件允许，砂石可以在现场测量后计算确定。

5.1.3　原配合比及原材料参数

1. 原混凝土配合比

原混凝土配合比见表 5-1。

表 5-1　原混凝土配合比

水泥	粉煤灰	矿渣粉	硅灰	砂子	石子	水	外加剂	强度
C_1	F_1	K_1	Si_1	S_1	G_1	W	A	R_{28}

2. 胶凝材料主要技术参数

胶凝材料主要技术参数见表 5-2。

表 5-2　胶凝材料主要技术参数

名称	水泥	粉煤灰	矿渣粉	硅灰
密度	ρ_C	ρ_F	ρ_K	ρ_{Si}
需水量(比)	W_0	β_F	β_K	β_{Si}

3. 砂石主要技术参数

砂子主要技术参数见表 5-3。

表 5-3　砂子主要技术参数

名称	紧密堆积密度	含石率	含水率	压力吸水率
指标	ρ_S	H_G	H_W	Y_W

石子主要技术参数见表 5-4。

表 5-4　石子主要技术参数

名称	堆积密度	空隙率	表观密度	吸水率
指标	$\rho_{G堆积}$	P	$\rho_{G表观}$	X_W

5.1.4 利用一组已知数据设计混凝土新配合比计算步骤

1. 胶凝材料调整

1) 活性胶凝材料质量强度比

$$R_0 = \frac{m_{C_1} + m_{K_1} + m_{Si_1}}{R_{28}}$$ (5-1)

2) 混凝土的配制强度

$$f_{cuo} = 1.15 \times f_{cuk}$$ (5-2)

3) 活性胶凝材料用量

$$m_{B_0} = R_0 \times f_{cuo}$$ (5-3)

4) 水泥用量

$$m_C = \frac{m_{C_1}}{m_{C_1} + m_{K_1} + m_{Si_1}} \times m_{B_0}$$ (5-4)

5) 矿渣粉用量

$$m_K = \frac{m_{K_1}}{m_{C_1} + m_{K_1} + m_{Si_1}} \times m_{B_0}$$ (5-5)

6) 硅灰用量

$$m_{Si} = \frac{m_{Si_1}}{m_{C_1} + m_{K_1} + m_{Si_1}} \times m_{B_0}$$ (5-6)

7) 粉煤灰用量

$$F = F_1$$ (5-7)

2. 胶凝材料标准稠度用水量

$$W_B = (m_C + m_F \times \beta_F + m_K \times \beta_K + m_{Si} \times \beta_{Si}) \times \frac{W_0}{100}$$ (5-8)

3. 胶凝材料拌和用水量

$$W_1 = \frac{2}{3}W_B + \frac{1}{3}W_B(1 - M_W)$$ (5-9)

4. 泌水系数

$$M_W = \frac{m_C + m_F + m_K + m_{Si}}{300} - 1 \tag{5-10}$$

5. 胶凝材料浆体体积

$$V_{浆体} = \frac{m_C}{\rho_C} + \frac{m_K}{\rho_K} + \frac{m_F}{\rho_F} + \frac{m_{Si}}{\rho_{Si}} + \frac{W_1}{\rho_W} \tag{5-11}$$

6. 砂子用量及用水量

$$m_S = \frac{\rho_S \times P}{1 - H_G} \tag{5-12}$$

$$W_{2min} = (5.7\% - H_W) \times m_S \tag{5-13}$$

$$W_{2max} = (7.7\% - H_W) \times m_S \tag{5-14}$$

7. 石子用量及用水量

$$m_G = (1 - V_{浆体} - P) \times \rho_{G表观} - m_S \times H_G \tag{5-15}$$

$$W_3 = m_G \times X_W \tag{5-16}$$

8. 砂石用水量

$$W_{2min+3} = W_{2min} + W_3 \tag{5-17}$$

$$W_{2max+3} = W_{2max} + W_3 \tag{5-18}$$

9. 用已知数据设计的混凝土配合比

混凝土配合比见表 5-5。

表 5-5　混凝土配合比

水泥	粉煤灰	矿渣粉	硅灰	天然砂	石子	外加剂	拌和水	预湿水
C	F	K	Si	S	G	A	W_1	W_{2+3}

5.1.5　试配及现场调整

采用调整后的配合比进行试配，会出现以下结果：①工作性达到预期效果，强度达到设计要求；②混凝土工作性不好，加入水分调整，混凝土拌和物出现泌水现象，加入外加剂调整，混凝土拌和物出现泌浆现象；③混凝土工作性不好，加入水分调整，混凝土拌和物看起来很稀，测量时出现有坍落度但没有流动性的现象，加入外加剂调整，外加剂掺量成倍增加，掺量达到一定值后出现明显的离析泌浆现象。

　　根据试配现场存在的问题，必须在现场进行总结和调整处理，对于大多数企业，经过调整计算得到的混凝土工作性能够达到预期效果，可以直接用于生产。但是对于出现混凝土拌和物工作性不好，加入水分调整，混凝土拌和物出现泌水现象，加入外加剂调整，混凝土拌和物出现泌浆现象的情况，经过仔细分析，是砂子中缺少细颗粒引起的，将砂子中 0.15mm、0.30mm 和 0.60mm 三个筛分计筛余调整到 20%就可以达到预期的工作性，并进行强度推定验证后使用。对于混凝土拌和物工作性不好，加入水分调整，混凝土拌和物看起来很稀，测量时出现有坍落度但没有流动性的现象，加入外加剂调整，外加剂掺量成倍增加，掺量达到一定值后出现明显的离析泌浆现象，经过仔细分析，是砂子中缺少粗颗粒引起的，将砂子中 0.60mm、1.18mm 和 2.36mm 三个筛分计筛余调整到 20%就可以达到预期的工作性，并进行强度推定验证后使用。

5.2　甘肃省武威市 C30 混凝土配合比设计工程应用

5.2.1　项目概况

　　甘肃省武威市某高速公路施工项目位于沙漠边缘，原材料比较稳定，但是技术人员到达现场后只能拿到甲方提供的一组混凝土配合比及强度数据。由于施工所处部位不同，现场需要一系列不同的混凝土配合比，如果从头开始试配，时间就不够用，严重影响施工进度，如果直接出配合比，又没有科学的计算依据，凭感觉出具的配合比无法保证混凝土质量，因此项目部决定引进新技术，以多组分混凝土理论为指导，采用数字量化混凝土技术，根据一组已知配合比和原材料参数进行混凝土配合比设计。

5.2.2　已知混凝土配合比及原材料参数

　　1. 胶凝材料主要技术参数

　　1) 已知配合比主要参数

　　水泥 280kg，需水量 27，密度 3100kg/m³；粉煤灰 100kg，需水量比 0.96，密度 2200kg/m³；混凝土 28d 实际强度 37.3MPa。

　　2) 水泥的质量强度比

　　水泥对强度的贡献为

$$R_0 = \frac{280}{37.3} = 7.5(\mathrm{kg/(MPa \cdot m^3)})$$

由于粉煤灰在 28d 几乎没有发生水化反应，在配合比调整的过程中，不考虑粉煤灰对强度的贡献。

2. 砂石主要技术参数

1) 石子主要技术参数

该项目使用 5～25mm 的石子，级配合理，技术参数通过现场检测求得，具体数据见表 5-6。

表 5-6　石子的主要技术参数

堆积密度/(kg/m³)	表观密度/(kg/m³)	空隙率/%	吸水率/%
1753	2709	35.3	1.8

2) 砂子主要技术参数

本次试验使用细度模数为 2.6 的洁净中砂，技术参数通过现场检测求得，具体数据见表 5-7。

表 5-7　砂子的主要技术参数

紧密堆积密度/(kg/m³)	含石率/%	含水率/%
2100	26.9	5

5.2.3　配合比调整计算

1. 基准水泥与粉煤灰用量

1) 混凝土的配制强度

$$f_{cuo} = 1.15 \times 30 = 34.5(MPa)$$

2) 水泥用量

$$m_C = 7.5 \times 34.5 = 259(kg)$$

3) 粉煤灰用量

$$m_F = 100kg$$

2. 胶凝材料标准稠度用水量

$$W_B = (259 + 100 \times 0.96) \times \frac{27}{100} = 96(kg)$$

3. 泌水系数

$$M_W = \frac{259+100}{300} - 1 = 0.20$$

4. 胶凝材料拌和用水量

$$W_1 = \frac{2}{3} \times 96 + \frac{1}{3} \times 96 \times (1-0.2) = 90(\text{kg})$$

5. 胶凝材料浆体体积

$$V_{\text{浆体}} = \frac{259}{3100} + \frac{100}{2200} + \frac{90}{1000} = 0.219(\text{m}^3)$$

6. 砂子用量及用水量

$$m_S = \frac{2100 \times 35.3\%}{1-26.9\%} = 1014(\text{kg})$$

$$W_{2\min} = 1014 \times (5.7\% - 5\%) = 7(\text{kg})$$

$$W_{2\max} = 1014 \times (7.7\% - 5\%) = 27(\text{kg})$$

7. 石子用量及用水量

$$m_G = (1 - 0.219 - 35.3\%) \times 2709 - 1014 \times 26.9\% = 887(\text{kg})$$

$$W_3 = 887 \times 1.8\% = 16(\text{kg})$$

8. 砂石用水量

$$W_{2\min+3} = 7 + 16 = 23(\text{kg})$$

$$W_{2\max+3} = 27 + 16 = 43(\text{kg})$$

9. 混凝土配合比

混凝土配合比见表 5-8。

表 5-8　混凝土配合比　　　　　　　　(单位：kg/m³)

水泥	粉煤灰	天然砂	石子	拌和水	预湿水
259	100	1014	887	90	23～43

5.2.4 试配及工程应用

1. 外加剂调整试验

称取水泥 259g、粉煤灰 100g、水 96g，进行外加剂掺量调整试验，由于混凝土拌和物坍落度控制在(240±10)mm，调整外加剂使胶凝材料净浆流动扩展度达到 240mm，得到外加剂掺量为 3%。

2. 试配工艺

首先将砂石按照配合比称量加入搅拌机，开启搅拌机，加入预湿骨料水，然后加入胶凝材料，同时加入外加剂和胶凝材料拌和水，待混凝土拌和物流平时停止搅拌，此时混凝土拌和物可实现自流平，卸料流速平稳，拌和物表面有光泽，停止流动后顶部没有石子外露的现象，测得混凝土拌和物坍落度为 240mm，1h坍落度保留值为 220mm，成型的混凝土试件强度满足设计要求。具体试验数据见表 5-9。

表 5-9 C30 混凝土配合比及检测结果

| 1m³ 混凝土用量/kg | | | | | | | 坍落度 /mm | 28d 强度 /MPa |
水泥	粉煤灰	外加剂	天然砂	石子	拌和水	预湿水		
259	100	10.8	1014	887	90	28	240	36.3
259	100	10.8	1014	887	90	32	240	37.3
259	100	10.8	1014	887	90	33	240	37.5

由于使用的原材料品种没有改变，根据已知配合比参数设计的 C30 混凝土，工作性良好，强度满足设计要求，直接用于武威过境高速公路施工，达到预期效果。

5.3 中交三公局 C50 混凝土配合比设计工程应用

5.3.1 项目概况

中交三公局高速公路项目位于宁夏自治区西吉县境内，地理位置偏僻，交通不便，当地施工原材料充足，性能比较稳定。技术人员到达现场后，业主为项目部提供了一组混凝土配合比及强度数据，由于工程不同部位对混凝土的要求不同，现场需要一系列不同的混凝土配合比，如果从头开始试配，时间就不够用，严重影响施工进度，如果直接出配合比，又没有科学的计算依据，凭感觉出具的配合比无法保证混凝土质量，因此项目部决定以多组分混凝土理论为指导，采用数字量化混凝土技术，根据一组已知配合比和原材料参数进行混凝土配合比设计。

5.3.2　已知混凝土配合比及原材料参数

1. 胶凝材料主要技术参数

1) 已知配合比主要参数

水泥 300kg，需水量 27，密度 3000kg/m³；粉煤灰 80kg，需水量比 0.96，密度 2200kg/m³；混凝土 28d 实际强度 40MPa。

2) 水泥的质量强度比

水泥对强度的贡献为

$$R_0 = \frac{300}{40} = 7.5(\text{kg}/(\text{MPa} \cdot \text{m}^3))$$

由于粉煤灰在 28d 几乎没有发生水化反应，在配合比调整的过程中，不考虑粉煤灰对强度的贡献。

2. 砂石主要技术参数

1) 石子主要技术参数

该项目使用 5～25mm 的石子，级配合理，技术参数通过现场检测求得，具体数据见表 5-10。

表 5-10　石子的主要技术参数

堆积密度/(kg/m³)	表观密度/(kg/m³)	空隙率/%	吸水率/%
1650	2661	38	1.8

2) 砂子主要技术参数

本次试验使用细度模数为 2.7 的洁净中砂，技术参数通过现场检测求得，具体数据见表 5-11。

表 5-11　砂子的主要技术参数

紧密堆积密度/(kg/m³)	含石率/%	含水率/%
1980	6.8	3

5.3.3　配合比调整计算

1. 基准水泥与粉煤灰用量

1) 混凝土的配制强度

$$f_{\text{cuo}} = 1.15 \times 50 = 57.5(\text{MPa})$$

2) 水泥用量

$$m_C = 7.5 \times 57.5 = 431(\text{kg})$$

3) 粉煤灰用量仍然取

$$m_F = 50(\text{kg})$$

2. 胶凝材料标准稠度用水量

$$W_B = (431 + 50 \times 0.96) \times \frac{27}{100} = 129(\text{kg})$$

3. 泌水系数

$$M_W = \frac{431 + 50}{300} - 1 = 0.60$$

4. 胶凝材料拌和用水量

$$W_1 = \frac{2}{3} \times 129 + \frac{1}{3} \times 129 \times (1 - 0.6) = 103(\text{kg})$$

5. 胶凝材料浆体体积

$$V_{\text{浆体}} = \frac{431}{3000} + \frac{50}{2200} + \frac{103}{1000} = 0.269(\text{m}^3)$$

6. 砂子用量及用水量

$$m_S = \frac{1980 \times 38\%}{1 - 6.8\%} = 807(\text{kg})$$

$$W_{2\min} = 807 \times (5.7 - 3\%) = 22(\text{kg})$$

$$W_{2\max} = 807 \times (7.7 - 3\%) = 38(\text{kg})$$

7. 石子用量及用水量

$$G = (1 - 0.269 - 38\%) \times 2661 - 807 \times 6.8\% = 879(\text{kg})$$

$$W_3 = 879 \times 1.8\% = 16(\text{kg})$$

8. 砂石用水量

$$W_{2\min+3} = 22 + 16 = 38(\text{kg})$$

$$W_{2\max+3} = 38 + 16 = 54(\text{kg})$$

9. C50 混凝土配合比

C50 混凝土配合比见表 5-12。

表 5-12　C50 混凝土配合比　　　　　　　　(单位：kg/m³)

水泥	粉煤灰	天然砂	石子	拌和水	预湿水
431	50	807	879	103	38～54

5.3.4　试配及工程应用

1. 外加剂调整试验

称取水泥 431g、粉煤灰 50g、水 129g，进行外加剂掺量调整试验，由于混凝土拌和物坍落度控制在(250±10)mm，调整外加剂使胶凝材料净浆流动扩展度达到 250mm，得到外加剂掺量为 2.5%。

2. 试配工艺

首先将砂石按照配合比称量加入搅拌机，开启搅拌机，加入预湿骨料水，然后加入胶凝材料，同时加入外加剂和胶凝材料拌和水，待混凝土拌和物流平时停止搅拌，混凝土拌和物可实现自流平，卸料流速平稳，拌和物表面有光泽，停止流动后顶部没有石子外露的现象，测得混凝土拌和物坍落度为 250mm，1h 坍落度保留值为 240mm，成型的混凝土试件强度满足设计要求。具体试验数据见表 5-13。

表 5-13　C50 混凝土配合比及检测结果

1m³混凝土用量/kg							坍落度/mm	28d 强度/MPa
水泥	粉煤灰	外加剂	天然砂	石子	拌和水	预湿水		
431	50	10.8	807	879	103	45	250	58.6
431	50	10.8	807	879	103	42	250	57.4
431	50	10.8	807	879	103	45	260	61.2

由于使用的原材料品种没有改变，根据已知配合比参数设计的 C50 混凝土，工作性良好，强度满足设计要求，直接用于中交三公局白银至兰州段公路工程施工，达到预期效果。

5.4　印尼唐格朗 C30 混凝土配合比设计工程应用

5.4.1　项目概况

印度尼西亚唐格朗位于雅加达附近，施工设施落后，技术力量薄弱，在当地市政公路建设过程中，原材料比较稳定，但是中方技术人员到达现场后只能拿到甲方提供的一组混凝土配合比及强度数据。由于施工条件和施工部位不同，现场需要一系列不同的混凝土配合比，如果从头开始试配，时间就不够用，严重影响施工进度，如果直接出配合比，又没有科学的计算依据，凭感觉出具的配合比无法保证混凝土质量，因此市政公司项目部决定引进新技术，以多组分混凝土理论为指导，采用数字量化混凝土技术，根据一组已知配合比和原材料参数进行混凝土配合比设计。

5.4.2　已知混凝土配合比及原材料参数

1. 胶凝材料主要技术参数

1) 已知配合比主要参数

水泥 350kg，需水量 27，密度 3000kg/m³；粉煤灰 50kg，需水量比 1.05，密度 2200kg/m³；混凝土 28d 实际强度 43MPa。

2) 水泥的质量强度比

水泥对强度的贡献为

$$R_0 = \frac{350}{43} = 8.1(kg/(MPa \cdot m^3))$$

由于粉煤灰在 28d 几乎没有发生水化反应，在配合比调整的过程中，不考虑粉煤灰对强度的贡献。

2. 砂石主要技术参数

1) 石子主要技术参数

该项目使用 5～25mm 的石子，级配合理，技术参数通过现场检测求得，具体数据见表 5-14。

表 5-14　石子的主要技术参数

堆积密度/(kg/m³)	表观密度/(kg/m³)	空隙率/%	吸水率/%
1450	2500	42	2.5

2) 砂子主要技术参数

该项目使用细度模数为 2.7 的洁净中砂，技术参数通过现场检测求得，具体数据见表 5-15。

表 5-15　砂子的主要技术参数

紧密堆积密度/(kg/m³)	含石率/%	压力吸水率/%
2030	16.3	4.4

5.4.3　配合比调整计算

1. 基准水泥与粉煤灰用量

1) 混凝土的配制强度

$$f_{\text{cuo}} = 1.15 \times 30 = 34.5(\text{MPa})$$

2) 水泥用量

$$m_{\text{C}} = 8.1 \times 34.5 = 279(\text{kg})$$

3) 粉煤灰用量

胶凝材料总量控制在 350kg，粉煤灰用量为

$$m_{\text{F}} = 350 - 279 = 71(\text{kg})$$

2. 胶凝材料标准稠度用水量

$$W_{\text{B}} = (279 + 71 \times 1.05) \times \frac{27}{100} = 95(\text{kg})$$

3. 泌水系数

$$M_{\text{W}} = \frac{297 + 71}{300} - 1 = 0.17$$

4. 胶凝材料拌和用水量

$$W_1 = \frac{2}{3} \times 95 + \frac{1}{3} \times 95 \times (1 - 0.17) = 90(\text{kg})$$

5. 胶凝材料浆体体积

$$V_{\text{浆体}} = \frac{297}{3000} + \frac{71}{2200} + \frac{90}{1000} = 0.215(\text{m}^3)$$

6. 砂子用量及用水量

$$m_{\text{S}} = \frac{2030 \times 42\%}{1 - 16.3\%} = 1019(\text{kg})$$

$$W_2 = 1019 \times 4.4\% = 45(\text{kg})$$

7. 石子用量及用水量

$$m_{\text{G}} = (1 - 0.215 - 42\%) \times 2500 - 1019 \times 16.3\% = 746(\text{kg})$$

$$W_3 = 746 \times 2.5\% = 19(\text{kg})$$

8. 砂石用水量

$$W_{2+3} = 45 + 19 = 64(\text{kg})$$

9. C30 混凝土配合比

C30 混凝土配合比见表 5-16。

表 5-16　C30 混凝土配合比　　　　　　　　　(单位：kg/m³)

水泥	粉煤灰	砂	石子	拌和水	预湿水
279	71	1019	746	90	64

5.4.4　试配及工程应用

1. 外加剂调整试验

称取水泥 279g、粉煤灰 71g、水 95g，进行外加剂掺量调整试验，由于混凝土拌和物坍落度控制在(240±10)mm，调整外加剂使胶凝材料净浆流动扩展度达到 240mm，得到外加剂掺量为 2.5%。

2. 试配工艺

首先将砂石按照配合比称量加入搅拌机，开启搅拌机，加入预湿骨料水，然后加入胶凝材料，同时加入外加剂和胶凝材料拌和水，待混凝土拌和物流平时停止搅拌，混凝土拌和物可实现自流平，卸料流速平稳，拌和物表面有光泽，停止流动后顶部没有石子外露的现象，测得混凝土拌和物坍落度为 250mm，1h 坍落度保留值为 230mm，成型的混凝土试件强度满足设计要求。具体试验数据见表 5-17。

表 5-17　C30 混凝土配合比及检测结果

1m³ 混凝土用量/kg							坍落度 /mm	28d 强度 /MPa
水泥	粉煤灰	外加剂	天然砂	石子	拌和水	预湿水		
279	71	8.8	1019	746	90	64	250	35.3
279	71	8.8	1019	746	90	64	250	36.8
279	71	8.8	1019	746	90	64	240	35.9

由于使用的原材料没有改变，根据已知配合比参数设计的 C30 混凝土，工作性良好，强度满足设计要求，可直接用于唐格朗地区道路工程施工，达到预期效果。

5.5　中铁二十一局 C40 混凝土配合比设计工程应用

5.5.1　项目概况

中铁二十一局兴泉项目位于江西省石城县，施工项目位于大山深处，原材料比较稳定，为了提高施工进度，对于非主体结构部位，项目部研究决定通过已知配合比及强度数据，设计一系列不同的混凝土配合比，以便满足施工需求。如果从头开始试配，时间不够用，严重影响施工进度，如果直接出配合比，又没有科学的计算依据，凭感觉出具的配合比无法保证混凝土质量，因此项目部决定引进新技术，以多组分混凝土理论为指导，采用数字量化混凝土技术，根据已知配合比和原材料参数进行混凝土配合比设计。

5.5.2　已知混凝土配合比及原材料参数

1. 胶凝材料主要技术参数

1) 已知配合比主要参数

水泥 350kg，需水量 27，密度 3050kg/m³；粉煤灰 50kg，需水量比 1.01，密度 2200kg/m³；混凝土 28d 实际强度 38.6MPa。

2) 水泥的质量强度比

水泥对强度的贡献为

$$R_0 = \frac{350}{38.6} = 9.1(\mathrm{kg/(MPa \cdot m^3)})$$

由于粉煤灰在 28d 几乎没有发生水化反应，在配合比调整的过程中，不考虑粉煤灰对强度的贡献。

2. 砂石主要技术参数

1) 石子主要技术参数

该项目使用 5～25mm 的石子，级配合理，技术参数通过现场检测求得，具体数据见表 5-18。

表 5-18　石子的主要技术参数

堆积密度/(kg/m³)	表观密度/(kg/m³)	空隙率/%	吸水率/%
1630	2547	36	2

2) 砂子主要技术参数

本次试验使用细度模数 2.6 的洁净中砂，技术参数通过现场检测求得，具体数据见表 5-19。

表 5-19　砂子的主要技术参数

紧密堆积密度/(kg/m³)	含石率%	压力吸水率/%
2150	13.5	5

5.5.3　配合比调整计算

1. 基准水泥与粉煤灰用量

1) 混凝土的配制强度

$$f_{cuo} = 1.15 \times 40 = 46(\text{MPa})$$

2) 水泥用量

$$m_C = 46 \times 9.1 = 419(\text{kg})$$

3) 粉煤灰用量

胶凝材料总量控制在 450kg，粉煤灰用量为

$$m_F = 450 - 419 = 31(\text{kg})$$

2. 胶凝材料标准稠度用水量

$$W_B = (419 + 31 \times 1.01) \times \frac{27}{100} = 122(\text{kg})$$

3. 泌水系数

$$M_W = \frac{419 + 31}{300} - 1 = 0.5$$

4. 胶凝材料拌和用水量

$$W_1 = \frac{2}{3} \times 122 + \frac{1}{3} \times 122 \times (1 - 0.5) = 102(\text{kg})$$

5. 胶凝材料浆体体积

$$V_{浆体} = \frac{419}{3050} + \frac{31}{2200} + \frac{102}{1000} = 0.253(\text{m}^3)$$

6. 砂子用量及用水量

$$m_S = \frac{2150 \times 36\%}{1-13.5\%} = 895(kg)$$

$$W_2 = 895 \times 5\% = 45(kg)$$

7. 石子用量及用水量

$$m_G = (1 - 0.253 - 36\%) \times 2547 - 895 \times 13.5\% = 865(kg)$$

$$W_3 = 865 \times 2\% = 17(kg)$$

8. 砂石用水量

$$W_{2+3} = 45 + 17 = 62(kg)$$

9. C40 混凝土配合比

C40 混凝土配合比见表 5-20。

表 5-20　C40 混凝土配合比　　　　　　　　（单位：kg/m³）

水泥	粉煤灰	砂	石子	拌和水	预湿水
419	31	895	865	102	62

5.5.4　试配及工程应用

1. 外加剂调整试验

称取水泥 419g、粉煤灰 31g、水 122g，进行外加剂掺量调整试验，由于混凝土拌和物坍落度控制在(240±10)mm，调整外加剂使胶凝材料净浆流动扩展度达到 240mm，得到外加剂掺量为 2%。

2. 试配工艺

首先将砂石按照配合比称量加入搅拌机，开启搅拌机，加入预湿骨料水，然后加入胶凝材料，同时加入外加剂和胶凝材料拌和水，待混凝土拌和物流平时停止搅拌，混凝土拌和物可实现自流平，卸料流速平稳，拌和物表面有光泽，停止流动后顶部没有石子外露的现象，测得混凝土拌和物坍落度为 250mm，1h 坍落度保留值为 240mm，成型的混凝土试件强度满足设计要求。具体试验数据见表 5-21。

表 5-21　C40 混凝土配合比及检测结果

1m³ 混凝土用量/kg							坍落度 /mm	28d 强度 /MPa
水泥	粉煤灰	外加剂	天然砂	石子	拌和水	预湿水		
419	31	9.5	895	865	102	62	250	46.8
419	31	9.5	895	865	102	62	240	47.5
419	31	9.5	895	865	102	62	250	48.6

由于使用的原材料没有改变，根据已知配合比参数设计的 C40 混凝土，工作性良好，强度满足设计要求，直接用于江西省石城县兴泉高铁石结咀隧道工程施工，达到预期效果。

5.6　印尼雅万高铁 C60 混凝土配合比设计工程应用

5.6.1　项目概况

雅万高铁是印度尼西亚雅加达至万隆的高速跌路，项目全长 142km，最高设计时速 350km，是中国"一带一路"倡议和印尼海洋支点战略对接的重大项目，也是中国高铁全方位整体走出去的第一单。在预应力梁场的生产过程中，经常需要对配合比进行调整，如果从头开始试配，时间就不够用，严重影响施工进度，如果直接出配合比，又没有科学的计算依据，凭感觉出具的配合比无法保证混凝土质量，因此梁场技术部采用数字量化混凝土技术，根据已知配合比和原材料参数进行混凝土配合比设计。

5.6.2　已知混凝土配合比及原材料参数

1. 胶凝材料主要技术参数

1) 已知配合比主要参数

水泥 330kg，需水量 27，密度 3080kg/m³；粉煤灰 50kg，需水量比 1.0，密度 2200kg/m³；混凝土 28d 实际强度 44MPa。

2) 水泥的质量强度比

水泥对强度的贡献为

$$R_0 = \frac{330}{44} = 7.5(\text{kg}/(\text{MPa} \cdot \text{m}^3))$$

由于粉煤灰在 28d 几乎没有发生水化反应，在配合比调整的过程中，不考虑粉煤灰对强度的贡献。

2. 砂石主要技术参数

1) 石子主要技术参数

印尼雅万铁路使用的石子级配合理，技术参数通过现场检测求得，具体数据见表 5-22。

表 5-22　石子的主要技术参数

堆积密度/(kg/m³)	表观密度/(kg/m³)	空隙率/%	吸水率/%
1600	2580	38	1.5

2) 砂子主要技术参数

该项目使用细度模数为 2.6 的洁净中砂，技术参数通过现场检测求得，具体数据见表 5-23。

表 5-23　砂子的主要技术参数

紧密堆积密度/(kg/m³)	含石率/%	含水率/%
1850	2	0

5.6.3　配合比调整计算

1. 基准水泥与粉煤灰用量

1) 混凝土的配制强度

$$f_{cuo} = 1.15 \times 60 = 69 (MPa)$$

2) 基准水泥用量

$$m_C = 69 \times 7.5 = 518 (kg)$$

3) 粉煤灰用量

胶凝材料总量控制在 550kg，粉煤灰用量为

$$m_F = 550 - 518 = 32 (kg)$$

2. 胶凝材料标准稠度用水量

$$W_B = (518 + 32 \times 1.0) \times \frac{27}{100} = 149 (kg)$$

3. 泌水系数

$$M_W = \frac{550}{300} - 1 = 0.83$$

4. 胶凝材料拌和用水量

$$W_1 = 149 \times \frac{2}{3} + 149 \times \frac{1}{3} \times (1 - 0.83) = 108(\text{kg})$$

5. 胶凝材料浆体体体积

$$V_{\text{浆体}} = \frac{518}{3050} + \frac{32}{2200} + \frac{108}{1000} = 0.292(\text{m}^3)$$

6. 砂子用量及用水量

$$m_{\text{S}} = \frac{1850 \times 38\%}{1 - 2\%} = 717(\text{kg})$$

$$W_{2\min} = 717 \times 5.7\% = 41(\text{kg})$$

$$W_{2\max} = 717 \times 7.7\% = 55(\text{kg})$$

7. 石子用量及用水量

$$m_{\text{G}} = (1 - 0.292 - 38\%) \times 2580 - 717 \times 2\% = 832(\text{kg})$$

$$W_3 = 832 \times 1.5\% = 12(\text{kg})$$

8. 砂石用水量

$$W_{2\min+3} = 41 + 12 = 53(\text{kg})$$

$$W_{2\max+3} = 55 + 12 = 67(\text{kg})$$

9. 混凝土配合比

C60 混凝土配合比见表 5-24。

表 5-24　C60 混凝土配合比　　　　　　　　（单位：kg/m³）

水泥	粉煤灰	砂	石子	拌和水	预湿水
518	32	717	832	108	53~67

5.6.4　试配及工程应用

1. 外加剂调整试验

称取水泥 518g、粉煤灰 32g、水 149g，进行外加剂掺量调整试验，由于混凝土拌和物坍落度控制在(240±10)mm，调整外加剂使胶凝材料净浆流动扩展度达到

240mm，得到外加剂掺量为 1%。

2. 试配工艺

首先将砂石按照配合比称量加入搅拌机，开启搅拌机，加入预湿骨料水，然后加入胶凝材料，同时加入外加剂和胶凝材料拌和水，待混凝土拌和物流平时停止搅拌，混凝土拌和物可实现自流平，卸料流速平稳，拌和物表面有光泽，停止流动后顶部没有石子外露的现象，测得混凝土拌和物坍落度为 240mm，1h 坍落度保留值为 220mm，成型的混凝土试件强度满足设计要求。具体试验数据见表 5-25。

表 5-25　C60 混凝土配合比及检测结果

1m³ 混凝土用量/kg							坍落度/mm	28d 强度/MPa
水泥	粉煤灰	外加剂	天然砂	石子	拌和水	预湿水		
518	32	5.5	717	832	108	54	240	68.8
518	32	5.5	717	832	108	53	230	72.5
518	32	5.5	717	832	108	56	230	70.6

由于使用的原材料没有改变，根据已知配合比参数设计的 C60 混凝土，工作性良好，强度满足设计要求，直接用于雅万高铁工程项目预制梁厂生产，达到预期效果。

第6章　根据含泥量调整配合比的方法及工程应用

6.1　根据含泥量调整配合比的方法

6.1.1　砂子含泥产生的问题

随着外加剂的大量使用以及砂石料质量的不断劣化，减水剂在混凝土生产应用过程中出现了许多新问题。当砂石含泥量较高时，经常出现外加剂在做水泥净浆流动度试验时效果很好，用相同掺量配制混凝土时，混凝土拌和物流动性很差，或者干脆不流，在检测混凝土强度时，混凝土强度降低。为了使混凝土拌和物满足泵送施工要求，同时保证强度，有的企业将外加剂的掺量成倍增加，使生产成本大大增加，影响企业的生产成本和直接经济效益；有的企业采用多加水的办法来解决混凝土拌和物流动性不足的问题，导致混凝土实际用水量变大，严重影响混凝土的强度。

6.1.2　砂石含泥对混凝土强度的影响

泥土吸附水时自身体积最高可以膨胀 7 倍，在混凝土配制过程中含泥量过高，水泥化学反应受热环境中这部分水分会在浆体凝结后蒸发掉，形成孔洞，混凝土密实度降低，导致强度下降。这是因为泥常包裹在砂粒的表面，泥失去水分后，会大大降低砂与水泥浆体间的界面黏结力，使混凝土的强度下降。同时泥的比表面积大，增加拌和用水量和水泥用量也会增加混凝土的干缩与徐变，使混凝土的耐久性降低。砂石含泥对混凝土强度的影响主要表现在以下几个方面：①对水泥水化产物的冲淡、阻隔和削弱作用；②在骨料表面容易形成裂隙，削弱界面黏结强度；③泥团或大量泥浆占据的空间，干燥后产生空腔。

含泥量对强度的影响有一定的规律，经过现场试验，我们将含泥量大于 10%的砂子进行水洗，得到含泥量小于 1%的砂子，然后将两种砂子互掺，得到不同含泥量的砂子。试验结果表明，随着含泥量的增加，混凝土强度增加，含泥量达到 8%时强度最高，然后随着含泥量的增加而急剧下降。这是因为洗净的砂子级配不好，标准定义粒径在 0.075mm 以下的原生颗粒为泥，实际上这部分颗粒中含有的一部分细粉是黏土质材料，属于泥的范畴，影响混凝土强度；一部分属于石质材料，可以起到补充砂子细粉、填充空隙的作用，掺入后起到增加强度的作用。

这些细粉在一定范围内使混凝土的密实度增加，强度提高。

6.1.3 根据含泥量对强度影响调整配合比的思路

含泥量对混凝土强度的影响主要是密实度，泥进入混凝土后主要是降低混凝土的密实度，因此可以考虑扣除 3%用于填充空隙的细粉，超过这一临界值的泥会在浆体凝固后随着水分的蒸发形成孔洞。为了抵消泥带入的孔洞引起的强度降低值，在配合比设计的过程中通过增加同样体积的水泥提高混凝土强度，达到设计确定的强度值。

6.1.4 混凝土配合比调整计算方法

1. 原配合比及原材料参数

1) 混凝土原配合比
混凝土原配合比见表 6-1。

表 6-1 混凝土原配合比

水泥	粉煤灰	矿渣粉	硅灰	砂子	石子	水	外加剂
C_1	F	K	Si	S	G	W	A

2) 胶凝材料主要参数
胶凝材料主要参数见表 6-2。

表 6-2 胶凝材料主要参数

名称	水泥	粉煤灰	矿渣粉	硅灰
密度	ρ_C	ρ_F	ρ_K	ρ_{Si}
需水量(比)	W_0	β_F	β_K	β_{Si}

3) 砂子主要技术参数
砂子主要技术参数见表 6-3。

表 6-3 砂子主要技术参数

名称	紧密堆积密度	含石率	含水率	含泥量	压力吸水率
指标	ρ_S	H_G	H_W	H_n	Y_W

4) 石子主要技术参数
石子主要技术参数见表 6-4。

表 6-4　石子主要技术参数

名称	堆积密度	空隙率	表观密度	吸水率
指标	$\rho_{G堆积}$	P	$\rho_{G表观}$	X_W

2. 配合比调整计算步骤

1) 形成孔洞的泥的体积

$$V_n = \frac{m_S \times (H_n - 3\%)}{\rho_n} \tag{6-1}$$

式中，ρ_n 为泥的密度，本书取 2500kg/m³。

2) 水泥用量

$$m_C = m_{C_1} + \rho_C \times V_n \tag{6-2}$$

3) 胶凝材料标准稠度用水量

$$W_B = (m_C + m_F \times \beta_F + m_K \times \beta_K + m_{Si} \times \beta_{Si}) \times \frac{W_0}{100} \tag{6-3}$$

4) 泌水系数

$$M_W = \frac{m_C + m_F + m_K + m_{Si}}{300} - 1 \tag{6-4}$$

5) 胶凝材料拌和用水量

$$W_1 = \frac{2}{3} W_B + \frac{1}{3} W_B (1 - M_W) \tag{6-5}$$

6) 胶凝材料浆体体积

$$V_{浆体} = \frac{m_C}{\rho_C} + \frac{m_K}{\rho_K} + \frac{m_F}{\rho_F} + \frac{W_1}{\rho_W} \tag{6-6}$$

7) 砂子用量及用水量

(1) 砂子用量。

$$m_S = \frac{\rho_S \times P}{1 - H_G} \tag{6-7}$$

(2) 常规砂石用水量。

$$W_{2min} = (5.7\% - H_W) \times m_S \tag{6-8}$$

$$W_{2max} = (7.7\% - H_W) \times m_S \tag{6-9}$$

(3) 再生骨料用水量。

$$W_2 = Y_W \times m_S \tag{6-10}$$

8) 石子用量及用水量

$$m_G = (1 - V_{浆体} - P) \times \rho_{G表现} - m_S \times H_G \tag{6-11}$$

$$W_3 = m_G \times X_W \tag{6-12}$$

9) 砂石用水量

(1) 常规砂石用水量。

$$W_{2min+3} = W_{2min} + W_3 \tag{6-13}$$

$$W_{2max+3} = W_{2max} + W_3 \tag{6-14}$$

(2) 再生骨料用水量。

$$W_{2+3} = W_2 + W_3 \tag{6-15}$$

10) 调整后的配合比

调整后的混凝土配合比见表 6-5。

表 6-5 调整后的混凝土配合比

水泥	矿渣粉	粉煤灰	硅灰	砂	石子	外加剂	拌和水	预湿水
C	K	F	Si	S	G	A	W_1	W_{2+3}

6.1.5　试配及现场调整

1. 外加剂调整试验

根据调整后的配合比，称取水泥、矿渣粉、粉煤灰、硅灰和水，进行外加剂掺量试验，得到外加剂合适的掺量。

2. 试配工艺

首先将砂石按照配合比称量加入搅拌机，开启搅拌机，加入预湿骨料水，然后加入胶凝材料，同时加入外加剂和胶凝材料拌和水，待混凝土拌和物流平时停止搅拌，工作性达到预期效果，成型的混凝土试件养护达到龄期后强度满足设计要求即可用于实际生产。

6.2　河南省南阳市 C30 混凝土配合比设计工程应用

6.2.1　企业概况

河南省南阳市某混凝土公司是当地的骨干企业，采用天然河砂配制的混凝土性能稳定，C30 混凝土强度达到设计要求的 36.5MPa。由于天然河砂供应不足，使用山砂代替天然河砂配制混凝土，结果出现混凝土强度降低的现象。解决这一技术问题的思路为：①采用固定胶凝材料调整砂石的方法将天然砂换成山砂进行试配，测得混凝土强度；②根据混凝土强度确定是否需要调整配合比，当混凝土强度低于天然砂配制的混凝土强度时，就要调整配合比；③根据砂子含泥量进行活性胶凝材料用量调整计算，通过增加活性胶凝材料用量提高混凝土强度；④用调整活性胶凝材料后的配合比试配，检验混凝土强度是否达到设计值。在配合比调整的过程中，不考虑粉煤灰对强度的贡献。

6.2.2　固定胶凝材料使用山砂配制混凝土

1. 原材料参数

1) 原混凝土配合比胶凝材料用量及主要技术参数

原混凝土配合比胶凝材料用量及主要技术参数见表 6-6。

表 6-6　原混凝土配合比胶凝材料用量及主要技术参数

名称	水泥	粉煤灰
用量/kg	290	60
密度/(kg/m³)	3000	2200
需水量(比)	27	1.05

2) 山砂主要技术参数

现场检测的山砂主要技术参数见表 6-7。

表 6-7　现场检测的山砂主要技术参数

名称	紧密堆积密度/(kg/m³)	含石率/%	含泥量/%	含水率/%
山砂	1946	0	13	5.5

3) 石子主要技术参数

现场检测的石子主要技术参数见表 6-8。

表 6-8　现场检测的石子主要技术参数

空隙率/%	堆积密度/(kg/m³)	表观密度/(kg/m³)	吸水率/%
39.7	1697	2814	1.8

2. 胶凝材料标准稠度用水量

$$W_B = (290 + 60 \times 1.05) \times \frac{27}{100} = 95(\text{kg})$$

3. 泌水系数

$$M_W = \frac{290 + 60}{300} - 1 = 0.17$$

4. 胶凝材料拌和用水量

$$W_1 = \frac{2}{3} \times 95 + \frac{1}{3} \times 95 \times (1 - 0.17) = 90(\text{kg})$$

5. 胶凝材料浆体体积

$$V_{\text{浆体}} = \frac{290}{3000} + \frac{60}{2200} + \frac{90}{1000} = 0.214(\text{m}^3)$$

6. 山砂用量及用水量

$$m_S = 1946 \times 39.7\% = 773(\text{kg})$$
$$W_{2\min} = (5.7\% - 5.5\%) \times 773 = 2(\text{kg})$$
$$W_{2\max} = (7.7\% - 5.5\%) \times 773 = 17(\text{kg})$$

7. 石子用量及用水量

$$m_G = (1 - 0.214 - 39.7\%) \times 2814 = 1095(\text{kg})$$
$$W_3 = 1095 \times 1.8\% = 20(\text{kg})$$

8. 砂石用水量

$$W_{2\min+3} = 2 + 20 = 22(\text{kg})$$
$$W_{2\max+3} = 17 + 20 = 37(\text{kg})$$

9. C30 混凝土配合比及试验数据

C30 混凝土配合比及试验数据见表 6-9。

表 6-9　C30 混凝土配合比及试验数据

1m³ 混凝土用量/kg							28d 强度/MPa
水泥	粉煤灰	山砂	石子	外加剂	拌和水	预湿水	
290	60	773	1095	10.5	90	22~37	29.5

　　用山砂试配出的混凝土工作性良好，实测强度为 29.5MPa，低于设计值，考虑山砂含泥对强度的影响，用以上配合比作为基准，重新调整水泥用量，提高混凝土强度。

6.2.3　根据含泥量调整 C30 混凝土配合比

1. 山砂中形成孔洞的泥的体积

$$V_{\mathrm{n}} = \frac{773\times(13\%-3\%)}{2500} = 0.031(\mathrm{m}^3)$$

2. 调整后水泥用量

$$m_{\mathrm{C}} = 290 + 3000\times0.031 = 383(\mathrm{kg})$$

3. 胶凝材料标准稠度用水量

$$W_{\mathrm{B}} = (383 + 60\times1.05)\times\frac{27}{100} = 120(\mathrm{kg})$$

4. 泌水系数

$$M_{\mathrm{W}} = \frac{383+60}{300} - 1 = 0.48$$

5. 胶凝材料拌和用水量

$$W_1 = \frac{2}{3}\times120 + \frac{1}{3}\times120\times(1-0.48) = 101(\mathrm{kg})$$

6. 胶凝材料浆体体积

$$V_{\text{浆体}} = \frac{383}{3000} + \frac{60}{2200} + \frac{101}{1000} = 0.256(\mathrm{m}^3)$$

7. 山砂用量及用水量

$$m_{\mathrm{S}} = 1946\times39.7\% = 773(\mathrm{kg})$$

$$W_{2\min} = (5.7\%-5.5\%)\times773 = 2(\mathrm{kg})$$

$$W_{2\max} = (7.7\%-5.5\%)\times773 = 17(\mathrm{kg})$$

8. 石子用量及用水量

$$m_{\mathrm{G}} = (1-0.256-39.7\%)\times2814 = 976(\mathrm{kg})$$

$$W_3 = 973 \times 1.8\% = 18(\text{kg})$$

9. 砂石用水量

$$W_{2\min+3} = 2 + 18 = 20(\text{kg})$$

$$W_{2\max+3} = 17 + 18 = 35(\text{kg})$$

10. C30 混凝土配合比

调整后 C30 混凝土配合比见表 6-10。

表 6-10　调整后 C30 混凝土配合比　　　　　　(单位：kg/m³)

水泥	粉煤灰	山砂	石子	拌和水	预湿水
383	60	773	976	101	20～35

6.2.4　试配及工程应用

1. 外加剂调整试验

称取水泥 383g、粉煤灰 60g、水 120g，进行外加剂掺量试验，混凝土拌和物坍落度控制在(250±10)mm，因此调整外加剂使胶凝材料净浆流动扩展度达到 260mm，得到外加剂掺量为 2%。

2. 试配工艺

首先将砂石按照配合比称量加入搅拌机，开启搅拌机，加入预湿骨料水，然后加入胶凝材料，同时加入外加剂和胶凝材料拌和水，待混凝土拌和物流平时停止搅拌，混凝土拌和物实现自流平，卸料流速平稳，拌和物表面有光泽，停止流动后顶部没有石子外露的现象，测得混凝土拌和物坍落度为 250mm，1h 坍落度保留值为 250mm，成型的混凝土试件强度满足设计要求，具体试验数据见表 6-11。

表 6-11　试配工艺试验数据

1m³ 混凝土用量/kg							坍落度/mm	28d 强度/MPa
水泥	粉煤灰	山砂	石子	外加剂	拌和水	预湿水		
383	60	773	976	8.8	101	25	250	37.5
383	60	773	976	8.8	101	28	240	36.8
383	60	773	976	8.8	101	28	240	37.2

根据检测数据设计的混凝土工作性良好，强度满足设计要求，直接用于南阳

住宅工程、道路桥梁和市政工程施工，达到预期效果。

6.3　河北省张家口市 C40 混凝土配合比设计工程应用

6.3.1　企业概况

河北省张家口市某混凝土公司是当地混凝土行业的支柱企业，采用天然河砂配制的混凝土性能稳定，C40 混凝土强度达到设计要求。由于天然河砂供应不足，使用石灰石矿尾矿砂代替天然河砂配制混凝土，结果出现混凝土强度降低的现象。解决这一技术问题的思路为：①采用固定胶凝材料调整砂石的方法将天然河砂换成尾矿砂进行试配，测得混凝土强度；②根据混凝土强度确定是否需要调整配合比，当混凝土强度低于天然河砂配制的混凝土强度时，就要调整配合比；③根据尾矿砂含泥量进行活性胶凝材料用量调整计算，通过增加活性胶凝材料用量提高混凝土强度；④按照调整活性胶凝材料后的配合比试配，检验混凝土强度是否达到设计值。在配合比调整的过程中，不考虑粉煤灰对强度的贡献。

6.3.2　固定胶凝材料使用尾矿砂配制混凝土

1. 原材料参数

1) 原混凝土配合比胶凝材料用量及主要技术参数
原混凝土配合比胶凝材料用量及主要技术参数见表 6-12。

表 6-12　原混凝土配合比胶凝材料用量及主要技术参数

名称	水泥	粉煤灰
用量/kg	305	90
密度/(kg/m³)	3000	2200
需水量(比)	27	1.05

2) 尾矿砂主要技术参数
现场检测的尾矿砂主要技术参数见表 6-13。

表 6-13　尾矿砂主要技术参数

紧密堆积密度/(kg/m³)	含石率/%	含水率/%	含泥量/%	压力吸水率/%
1980	8.5	13	15	8

3) 石子主要技术参数

现场检测的石子主要技术参数见表 6-14。

表 6-14　石子主要技术参数

空隙率/%	堆积密度/(kg/m³)	表观密度/(kg/m³)	吸水率/%
39.7	1697	2814	1.8

2. 胶凝材料标准稠度用水量

$$W_B = (305 + 90 \times 1.05) \times \frac{27}{100} = 108(\text{kg})$$

3. 泌水系数

$$M_W = \frac{305 + 90}{300} - 1 = 0.32$$

4. 胶凝材料拌和用水量

$$W_1 = \frac{2}{3} \times 108 + \frac{1}{3} \times 108 \times (1 - 0.32) = 96(\text{kg})$$

5. 胶凝材料浆体体积

$$V_{浆体} = \frac{305}{3000} + \frac{90}{2200} + \frac{96}{1000} = 0.239(\text{m}^3)$$

6. 尾矿砂用量及用水量

$$m_S = \frac{1980 \times 39.7\%}{1 - 8.5\%} = 859(\text{kg})$$

$$W_2 = 859 \times 8\% = 69(\text{kg})$$

7. 石子用量及用水量

$$m_G = (1 - 0.239 - 39.7\%) \times 2814 - 859 \times 8.5\% = 951(\text{kg})$$

$$W_3 = 951 \times 1.8\% = 17(\text{kg})$$

8. 砂石用水量

$$W_{2+3} = 69 + 17 = 86(\text{kg})$$

9. C40 混凝土配合比及试验数据

C40 混凝土配合比及试验数据见表 6-15。

表 6-15　C40 混凝土配合比及试验数据

1m³ 混凝土用量/kg							28d 强度/MPa
水泥	粉煤灰	尾矿砂	石子	外加剂	拌和水	预湿水	
305	90	859	951	10	96	86	34.3

用尾矿砂试配出的混凝土工作性良好，实测强度为 34.3MPa，低于设计值，考虑尾矿砂含泥对强度的影响，用以上配合比作为基准，重新调整水泥用量，提高混凝土强度。

6.3.3　根据含泥量调整 C40 混凝土配合比

1. 形成孔洞的泥的体积

$$V_n = \frac{859 \times (15\% - 3\%)}{2500} = 0.04(m^3)$$

2. 调整后水泥用量

$$m_C = 305 + 3000 \times 0.04 = 425(kg)$$

3. 胶凝材料标准稠度用水量

$$W_B = (425 + 90 \times 1.05) \times \frac{27}{100} = 140(kg)$$

4. 泌水系数

$$M_W = \frac{425 + 90}{300} - 1 = 0.72$$

5. 调整后胶凝材料拌和用水量

$$W_1 = \frac{2}{3} \times 140 + \frac{1}{3} \times 140 \times (1 - 0.72) = 106(kg)$$

6. 胶凝材料浆体体积

$$V_{浆体} = \frac{425}{3000} + \frac{90}{2200} + \frac{106}{1000} = 0.289(m^3)$$

7. 尾矿砂用量及用水量

$$m_S = \frac{1980 \times 39.7\%}{1 - 8.5\%} = 859(\text{kg})$$

$$W_2 = 859 \times 8\% = 69(\text{kg})$$

8. 石子用量及用水量

$$m_G = (1 - 0.289 - 39.7\%) \times 2814 - 859 \times 8.5\% = 811(\text{kg})$$

$$W_3 = 811 \times 1.8\% = 15(\text{kg})$$

9. 砂石用水量

$$W_{2+3} = 69 + 15 = 84(\text{kg})$$

10. C40 混凝土配合比

调整后 C40 混凝土配合比见表 6-16。

表 6-16　调整后 C40 混凝土配合比　　　　　　　(单位: kg/m³)

水泥	粉煤灰	尾矿砂	石子	拌和水	预湿水
425	90	859	811	106	84

6.3.4　试配及工程应用

1. 外加剂调整试验

称取水泥 425g、粉煤灰 90g、水 140g，进行外加剂掺量调整试验，混凝土拌和物坍落度控制在(240±10)mm，调整外加剂使胶凝材料净浆流动扩展度达到 240mm，得到外加剂掺量为 2%。

2. 试配工艺

首先将砂石按照配合比称量加入搅拌机，开启搅拌机，加入预湿骨料水，然后加入胶凝材料，同时加入外加剂和胶凝材料拌和水，待混凝土拌和物流平时停止搅拌，混凝土拌和物实现自流平，卸料流速平稳，拌和物表面有光泽，停止流动后顶部没有石子外露的现象，测得混凝土拌和物坍落度为 250mm，1h 坍落度保留值为 240mm，成型的混凝土试件强度满足设计要求。具体试验数据见表 6-17。

表 6-17　试配工艺试验数据

1m³ 混凝土用量/kg							坍落度/mm	28d 强度/MPa
水泥	粉煤灰	尾矿砂	石子	外加剂	拌和水	预湿水		
425	90	859	811	10.3	106	84	250	46.5
425	90	859	811	10.3	106	84	250	47.8
425	90	859	811	10.3	106	84	250	47.3

根据检测数据设计的 C40 混凝土，工作性良好，强度满足设计要求，直接用于张家口市房地产项目、市政工程和风电基础施工，达到预期效果。

6.4　宁夏回族自治区银川市 C40 混凝土配合比设计工程应用

6.4.1　企业概况

宁夏回族自治区银川市某混凝土公司是当地龙头企业，采用天然河砂配制的混凝土性能稳定，C40 混凝土强度达到设计要求的 46MPa。由于天然河砂供应不足，使用贺兰山石灰石矿固废石粉和山砂按照 1∶1 混合代替天然砂配制混凝土，结果出现混凝土强度降低的现象。解决这一技术问题的思路为：①采用固定胶凝材料调整砂石的方法将天然砂换成石粉和山砂进行试配，测得混凝土强度；②根据混凝土强度确定是否需要调整配合比，当混凝土强度低于天然砂配制的混凝土强度时，就要调整配合比；③根据石粉和山砂含泥量进行活性胶凝材料用量调整计算，通过增加活性胶凝材料用量提高混凝土强度；④按照调整活性胶凝材料后的配合比试配，检验混凝土强度是否达到设计值。在配合比调整的过程中，不考虑粉煤灰对强度的贡献。

6.4.2　固定胶凝材料使用山砂和石粉配制混凝土

1. 原材料参数

1) 原混凝土配合比胶凝材料用量及主要技术参数
原混凝土配合比胶凝材料用量及主要技术参数见表 6-18。

表 6-18　原混凝土配合比胶凝材料用量及主要技术参数

名称	水泥	粉煤灰
用量/kg	290	60
密度/(kg/m³)	3000	2200
需水量(比)	27	1.05

2) 砂子主要技术参数

现场检测山砂和石粉，然后按照 1∶1 混合制成混合砂，技术参数见表 6-19。

表 6-19　砂子主要技术参数

名称	紧密堆积密度/(kg/m³)	含石率/%	含水率/%	含泥量/%	压力吸水率/%
山砂	1946	0	5.5	10	—
石粉	2388	8.5	13	10	2

3) 石子主要技术参数

现场检测的石子主要技术参数见表 6-20。

表 6-20　石子主要技术参数

空隙率/%	堆积密度/(kg/m³)	表观密度/(kg/m³)	吸水率/%
39.7	1697	2814	1.8

2. 胶凝材料标准稠度用水量

$$W_B = (290 + 60 \times 1.05) \times \frac{27}{100} = 95(\text{kg})$$

3. 泌水系数

$$M_W = \frac{290+60}{300} - 1 = 0.17$$

4. 胶凝材料拌和用水量

$$W_1 = \frac{2}{3} \times 95 + \frac{1}{3} \times 95 \times (1-0.17) = 90(\text{kg})$$

5. 胶凝材料浆体体积

$$V_{\text{浆体}} = \frac{290}{3000} + \frac{60}{2200} + \frac{90}{1000} = 0.214(\text{m}^3)$$

6. 砂子用量及用水量

1) 砂子用量

$$m_{\text{S石粉}} = \frac{2388 \times 39.7\%}{1-8.5\%} \times 0.5 = 518(\text{kg})$$

$$m_{\text{S山砂}} = \frac{1946 \times 39.7\%}{1-0\%} \times 0.5 = 386(\text{kg})$$

2) 山砂用水量

$$W_{\text{山砂min}} = (5.7\% - 5.5\%) \times 386 = 1(\text{kg})$$

$$W_{\text{山砂max}} = (7.7\% - 5.5\%) \times 386 = 8(\text{kg})$$

3) 石粉用水量

$$W_{\text{石粉}} = 518 \times 2.0\% = 10(\text{kg})$$

4) 混合砂用水量

$$W_{2\text{min}} = 1 + 10 = 11(\text{kg})$$

$$W_{2\text{max}} = 8 + 10 = 18(\text{kg})$$

7. 石子用量及用水量

$$m_{\text{G}} = (1 - 0.214 - 39.7\%) \times 2814 - 518 \times 8.5\% = 1051(\text{kg})$$

$$W_3 = 1051 \times 1.8\% = 19(\text{kg})$$

8. 砂石用水量

$$W_{2\text{min}+3} = 11 + 19 = 30(\text{kg})$$

$$W_{2\text{max}+3} = 18 + 19 = 37(\text{kg})$$

9. C40 混凝土配合比及试验数据

C40 混凝土配合比及试验数据见表 6-21。

表 6-21　C40 混凝土配合比及试验数据

1m³ 混凝土用量/kg								28d 强度/MPa
水泥	粉煤灰	山砂	石粉	石子	外加剂	拌和水	预湿水	
290	60	386	518	1051	10.5	90	33	37.5

用石粉和山砂按照 1∶1 配制的混合砂代替天然砂,试配出的混凝土工作性良好，实测强度为 37.5MPa，低于设计值，由于混合砂含泥量达到 10%，对强度有影响，用以上配合比作为基准，重新调整水泥用量，提高混凝土强度。

6.4.3　根据含泥量调整 C40 混凝土配合比

1. 形成孔洞的泥的体积

$$V_{\text{n}} = \frac{904 \times (10\% - 3\%)}{2500} = 0.025(\text{m}^3)$$

2. 调整后水泥用量

$$m_C = 290 + 3000 \times 0.025 = 365(\text{kg})$$

3. 胶凝材料标准稠度用水量

$$W_B = (365 + 60 \times 1.05) \times \frac{27}{100} = 116(\text{kg})$$

4. 泌水系数

$$M_W = \frac{365 + 60}{300} - 1 = 0.42$$

5. 胶凝材料拌和用水量

$$W_1 = \frac{2}{3} \times 116 + \frac{1}{3} \times 116 \times (1 - 0.42) = 100(\text{kg})$$

6. 胶凝材料浆体体积

$$V_{浆体} = \frac{365}{3000} + \frac{60}{2200} + \frac{100}{1000} = 0.249(\text{m}^3)$$

7. 混合砂用量及用水量

1) 砂子用量

$$m_{S石粉} = \frac{2388 \times 39.7\%}{1 - 8.5\%} \times 0.5 = 518(\text{kg})$$

$$m_{S山砂} = \frac{1946 \times 39.7\%}{1 - 0\%} \times 0.5 = 386(\text{kg})$$

2) 山砂用水量

$$W_{山砂\min} = (5.7\% - 5.5\%) \times 386 = 1(\text{kg})$$

$$W_{山砂\max} = (7.7\% - 5.5\%) \times 386 = 8(\text{kg})$$

3) 石粉用水量

$$W_{石粉} = 518 \times 2.0\% = 10(\text{kg})$$

4) 混合砂用水量

$$W_{2\min} = 1 + 10 = 11(\text{kg})$$

$$W_{2\max} = 8 + 10 = 18(\text{kg})$$

8. 石子用量及用水量

$$m_G = (1 - 0.249 - 39.7\%) \times 2814 - 518 \times 8.5\% = 952(kg)$$
$$W_3 = 952 \times 1.8\% = 17(kg)$$

9. 砂石用水量

$$W_{2min+3} = 11 + 17 = 28(kg)$$
$$W_{2max+3} = 18 + 17 = 35(kg)$$

10. C40 混凝土配合比

C40 混凝土配合比见表 6-22。

表 6-22　C40 混凝土配合比　　　　　　(单位：kg/m³)

水泥	粉煤灰	山砂	石粉	石子	拌和水	预湿水
365	60	386	518	952	100	28～35

6.4.4　试配及工程应用

1. 外加剂调整试验

称取水泥 365g、粉煤灰 60g、水 116g，进行外加剂掺量调整试验，混凝土拌和物坍落度控制在(240±10)mm，调整外加剂使胶凝材料净浆流动扩展度达到 240mm，得到外加剂掺量为 2%。

2. 试配工艺

首先将砂石按照配合比称量加入搅拌机，开启搅拌机，加入预湿骨料水，然后加入胶凝材料，同时加入外加剂和胶凝材料拌和水，待混凝土拌和物流平时停止搅拌，混凝土拌和物可实现自流平，卸料流速平稳，拌和物表面有光泽，停止流动后顶部没有石子外露的现象，测得混凝土拌和物坍落度为 250mm，1h 坍落度保留值为 240mm，成型的混凝土试件强度满足设计要求。具体试验数据见表 6-23。

表 6-23　试配工艺试验数据

1m³ 混凝土用量/kg								坍落度/mm	28d 强度/MPa
水泥	粉煤灰	石粉	山砂	石子	外加剂	拌和水	预湿水		
365	60	518	386	952	8.5	100	30	240	46.5
365	60	518	386	952	8.5	100	35	240	46.8
365	60	518	386	952	8.5	100	34	250	48.4

根据现场检测数据设计的 C40 混凝土，工作性良好，强度满足设计要求，直接用于宁东住宅、道路和市政工程施工，达到预期效果。

6.5　山东省菏泽市 C35 混凝土配合比设计工程应用

6.5.1　企业概况

山东省菏泽市某混凝土公司是一家大型混凝土企业，采用天然河砂配制的混凝土性能稳定，C35 混凝土强度达到设计要求的 42MPa。由于天然河砂供应不足，企业使用部分黄河面砂和天然砂按照 1∶1 混合代替天然砂配制混凝土，结果出现混凝土强度降低的现象。为了解决这一技术难题：①采用固定胶凝材料调整砂石的方法将天然砂换成天然砂和黄河面砂进行试配，测得混凝土强度；②根据混凝土强度确定是否需要调整配合比，当混凝土强度低于天然砂配制的混凝土强度时，就要调整配合比；③根据天然砂和黄河面砂含泥量进行活性胶凝材料用量调整计算，通过增加活性胶凝材料用量提高混凝土强度；④按照调整活性胶凝材料后的配合比试配，检验混凝土强度是否达到设计值。在配合比调整的过程中，不考虑粉煤灰对强度的贡献。

6.5.2　固定胶凝材料使用山砂和石粉配制混凝土

1. 原材料参数

1) 原混凝土配合比胶凝材料用量及主要技术参数
原混凝土配合比胶凝材料用量及主要技术参数见表 6-24。

表 6-24　原混凝土配合比胶凝材料用量及主要技术参数

名称	水泥	粉煤灰
用量/kg	305	90
密度/(kg/m³)	3000	2200
需水量(比)	27	1.05

2) 砂子主要技术参数
现场检测天然砂和黄河面砂按照 1∶1 混合制成混合砂，技术参数见表 6-25。

表 6-25　混合砂主要技术参数

名称	紧密堆积密度/(kg/m³)	含石率/%	含水率/%	含泥量/%	压力吸水率/%
黄河面砂	2388	8.5	13	10	2
天然砂	1837	4	5		—

3) 石子主要技术参数

现场检测石子主要技术参数见表 6-26。

表 6-26　石子技术主要参数

空隙率/%	堆积密度/(kg/m³)	表观密度/(kg/m³)	吸水率/%
39.7	1697	2814	1.8

2. 胶凝材料标准稠度用水量

$$W_B = (305 + 90 \times 1.05) \times \frac{27}{100} = 108 (\text{kg})$$

3. 泌水系数

$$M_W = \frac{305 + 90}{300} - 1 = 0.32$$

4. 胶凝材料拌和用水

$$W_1 = \frac{2}{3} \times 108 + \frac{1}{3} \times 108 \times (1 - 0.32) = 96 (\text{kg})$$

5. 胶凝材料浆体体积

$$V_{浆体} = \frac{305}{3000} + \frac{90}{2200} + \frac{96}{1000} = 0.239 (\text{m}^3)$$

6. 砂子用量及用水量

1) 砂子用量

$$m_{S面砂} = \frac{2388 \times 39.7\%}{1 - 8.5\%} \times 0.5 = 518 (\text{kg})$$

$$m_{S天然砂} = \frac{1837 \times 39.7\%}{1 - 4\%} \times 0.5 = 380 (\text{kg})$$

2) 天然砂用水量

$$W_{天然砂\min} = (5.7\% - 5\%) \times 380 = 3 (\text{kg})$$

$$W_{天然砂\max} = (7.7\% - 5\%) \times 380 = 10 (\text{kg})$$

3) 黄河面砂用水量

$$W_{面砂} = 518 \times 2\% = 10 (\text{kg})$$

4) 混合砂用水量

$$W_{2\min} = 3 + 10 = 13(\text{kg})$$

$$W_{2\max} = 10 + 10 = 20(\text{kg})$$

7. 石子用量及用水量

$$m_{\text{G}} = (1 - 0.239 - 39.7\%) \times 2814 - 518 \times 8.5\% - 380 \times 4\% = 965(\text{kg})$$

$$W_3 = 965 \times 1.8\% = 17(\text{kg})$$

8. 砂石用水量

$$W_{2\min+3} = 13 + 17 = 30(\text{kg})$$

$$W_{2\max+3} = 20 + 17 = 37(\text{kg})$$

9. C35 混凝土配合比及试验数据

C35 混凝土配合比及试验数据见表 6-27。

表 6-27 C35 混凝土配合比及试验数据

1m³ 混凝土用量/kg								28d 强度/MPa
水泥	粉煤灰	天然砂	面砂	石子	外加剂	拌和水	预湿水	
305	90	380	518	965	10.8	96	33	33.7

用黄河面砂和天然砂按照 1∶1 混合代替砂子，试配出的混凝土工作性良好，实测强度为 33.7MPa，低于设计值，由于混合砂含泥量达到 10%，对强度有影响，用以上配合比作为基准，重新调整水泥用量，提高混凝土强度。

6.5.3 根据含泥量调整 C35 混凝土配合比

1. 形成孔洞的泥的体积

$$V_{\text{n}} = \frac{883 \times (10\% - 3\%)}{2500} = 0.025(\text{m}^3)$$

2. 调整后水泥用量

$$m_{\text{C}} = 305 + 0.025 \times 3000 = 380(\text{kg})$$

3. 胶凝材料标准稠度用水量

$$W_{\text{B}} = (380 + 90 \times 1.05) \times \frac{27}{100} = 128(\text{kg})$$

4. 泌水系数

$$M_W = \frac{380+90}{300} - 1 = 0.57$$

5. 胶凝材料拌和用水量

$$W_1 = \frac{2}{3} \times 128 + \frac{1}{3} \times 128 \times (1-0.57) = 104(\text{kg})$$

6. 胶凝材料浆体体积

$$V_{\text{浆体}} = \frac{380}{3000} + \frac{90}{2200} + \frac{104}{1000} = 0.272(\text{m}^3)$$

7. 砂子用量及用水量

1) 砂子用量

$$m_{S\text{面砂}} = \frac{2388 \times 39.7\%}{1-8.5\%} \times 0.5 = 518(\text{kg})$$

$$m_{S\text{天然砂}} = \frac{1837 \times 39.7\%}{1-4\%} \times 0.5 = 380(\text{kg})$$

2) 天然砂用水量

$$W_{\text{天然砂min}} = (5.7\% - 5\%) \times 380 = 3(\text{kg})$$

$$W_{\text{天然砂max}} = (7.7\% - 5\%) \times 380 = 10(\text{kg})$$

3) 黄河面砂用水量

$$W_{\text{面砂}} = 518 \times 2\% = 10(\text{kg})$$

4) 混合砂用水量

$$W_{2\text{min}} = 3 + 10 = 13(\text{kg})$$

$$W_{2\text{max}} = 10 + 10 = 20(\text{kg})$$

8. 石子用量及用水量

$$m_G = (1 - 0.272 - 39.7\%) \times 2814 - 518 \times 8.5\% - 380 \times 4\% = 872(\text{kg})$$

$$W_3 = 872 \times 1.8\% = 16(\text{kg})$$

9. 砂石用水量

$$W_{2\text{min}+3} = 13 + 16 = 29(\text{kg})$$

$$W_{2\max+3} = 20 + 16 = 36(\text{kg})$$

10. C35 混凝土配合比

C35 混凝土配合比见表 6-28。

表 6-28　C35 混凝土配合比　　　　　　　　　　（单位：kg/m³）

水泥	粉煤灰	天然砂	面砂	石子	拌和水	预湿水
380	90	380	518	872	104	29～36

6.5.4　试配及工程应用

1. 外加剂调整试验

称取水泥 380g、粉煤灰 90g、水 128g，进行外加剂掺量试验，混凝土拌和物坍落度控制在(240±10)mm，因此调整外加剂掺量使胶凝材料净浆流动扩展度达到 240mm，得到外加剂掺量为 2%。

2. 试配工艺

首先将砂石按照配合比称量加入搅拌机，开启搅拌机，加入预湿骨料水，然后加入胶凝材料，同时加入外加剂和胶凝材料拌和水，待混凝土拌和物流平时停止搅拌，混凝土拌和物实现自流平，卸料流速平稳，拌和物表面有光泽，停止流动后顶部没有石子外露的现象，测得混凝土拌和物坍落度为 240mm，1h 坍落度保留值为 250mm，成型的混凝土试件强度满足设计要求。具体试验数据见表 6-29。

表 6-29　试配工艺试验数据

1m³ 混凝土用量/kg								坍落度/mm	28d 强度/MPa
水泥	粉煤灰	天然砂	面砂	石子	外加剂	拌和水	预湿水		
380	90	380	518	872	9.4	104	29	240	41.2
380	90	380	518	872	9.4	104	31	240	39.5
380	90	380	518	872	9.4	104	34	250	40.6

根据现场检测数据设计的 C35 混凝土，工作性良好，强度满足设计要求，直接用于菏泽市内住宅、道路和桥梁的施工，达到预期效果。

第7章　管桩混凝土配合比设计方法及工程应用

7.1　管桩混凝土配合比设计方法

7.1.1　管桩行业概况

随着经济建设的发展，混凝土管桩在土木、市政、冶金、港口、码头、公路和铁路等建设领域得到广泛应用。在长江三角洲和珠江三角洲地区，由于地质条件适合管桩的使用，管桩的需求量呈现井喷式发展。据不完全统计，2018年我国各类管桩产量达到3.36亿m，产值达730亿元，占全国水泥制品行业产值的50%左右。

管桩按混凝土强度等级和壁厚分为预应力混凝土管桩(PC管桩)、预应力混凝土薄壁管桩(PTC管桩)和预应力高强混凝土管桩(PHC管桩)。PC管桩的混凝土强度等级不得低于C50，PTC管桩的混凝土强度等级不得低于C60，PHC管桩的混凝土强度等级不得低于C80。PC管桩和PTC管桩一般采用常压蒸汽养护，一般要经过28d才能施打。而PHC管桩脱模后要进入高压釜蒸养，经10个大气压、180℃左右的蒸压养护，混凝土强度等级达C80，从成型到使用的最短时间只需三四天。

管桩按外径分为300mm、350mm、400mm、450mm、500mm、550mm、600mm、800mm和1000mm等规格，实际生产的管径以300mm、400mm、500mm、600mm为主。按外径划分，PHC管桩分为ϕ400、ϕ500、ϕ550、ϕ600、ϕ700、ϕ800共六种规格。

由于管桩在工程建设领域得到了快速发展和广泛应用，而关于管桩混凝土配合比设计的技术相对滞后，为满足国内工程建设人员的要求，本章总结了管桩混凝土配合比设计的方法，提供给大家参考。

7.1.2　管桩混凝土配合比设计思路

管桩混凝土由硬化砂浆和石子两部分组成，石子形成混凝土骨架，水泥混合砂浆填充于石子的空隙之中，混凝土在受压过程中，石子和浆体同时破坏。在管桩混凝土配合比设计的过程中，胶凝材料和外加剂的确定方法为：以使用水泥配制混凝土为计算基础，首先根据水泥强度、需水量和表观密度求出为混凝土提供1MPa强度时水泥的用量，以此计算出满足设计强度等级所需水泥的量，然后根据掺合料的活性系数和填充系数，用等活性替换和等填充替换的方法求得胶凝材料的合理分配比例，然后测出胶凝材料的标准稠度用水量，在这一条件下确定合理的外加剂用量以及胶凝材料所需的拌和用水量。

砂子用量的确定方法为：首先测得砂子的表观密度和石子的空隙率 P，由于管桩混凝土中的水泥砂浆完全填充于石子的空隙中，砂子的体积等于石子的空隙体积减去胶凝材料体积，每立方米混凝土中砂子的准确用量为砂子的表观密度乘以砂子的体积，由于管桩混凝土使用的砂子大多数为天然砂，质量稳定，级配合理，含泥量小，因此砂子的用水量控制在 6%。石子用量的确定方法是从 $1m^3$ 混凝土中扣除水泥混合砂浆的体积，剩余的体积就是石子的体积，用石子的体积乘以石子的表观密度即可求得 $1m^3$ 混凝土的石子用量。

7.1.3　原材料主要技术参数

1. 胶凝材料主要技术参数

胶凝材料主要技术参数见表 7-1。

表 7-1　胶凝材料主要技术参数

名称	水泥	粉煤灰	矿渣粉	硅灰
强度	R	—	—	—
密度	ρ_C	ρ_F	ρ_K	ρ_{Si}
需水量(比)	W_0	β_F	β_K	β_{Si}
活性指数	—	H_{28}	A_{28}	u_4

2. 砂子主要技术参数

砂子主要技术参数见表 7-2。

表 7-2　砂子主要技术参数

名称	紧密堆积密度	表观密度	含水率	含石率
指标	ρ_S	$\rho_{S表观}$	H_W	H_G

3. 石子主要技术参数

石子主要技术参数见表 7-3。

表 7-3 石子主要技术参数

名称	堆积密度	表观密度	含水率	吸水率
指标	$\rho_{G堆积}$	$\rho_{G表观}$	H_W	X_W

7.1.4 配合比设计计算步骤

1. 配制强度

$$f_{cuo} = 1.15 f_{cuk} \tag{7-1}$$

2. 胶凝材料用量

1) 基准水泥用量

$$m_{C_0} = R_C \times f_{cuo} \tag{7-2}$$

2) 水泥用量

$$m_C = x_C \times m_{C_0} \tag{7-3}$$

3) 矿渣粉用量

$$m_K = \frac{x_K \times m_{C_0}}{\alpha_K} \tag{7-4}$$

4) 粉煤灰用量

$$m_F = \frac{x_F \times m_{C_0}}{\alpha_F} \tag{7-5}$$

5) 硅灰用量

$$m_{Si} = \frac{x_{Si} \times m_{C_0}}{u_4} \tag{7-6}$$

3. 胶凝材料标准稠度用水量

$$W_B = (m_C + m_{Si} \times \beta_{Si} + m_K \times \beta_K) \times \frac{W_0}{100} \tag{7-7}$$

4. 泌水系数

$$M_W = \frac{m_C + m_F + m_K + m_{Si}}{300} - 1 \tag{7-8}$$

5. 胶凝材料拌和用水量

$$W_1 = \frac{2}{3} W_B + \frac{1}{3} W_B (1 - M_W) \tag{7-9}$$

6. 胶凝材料体积

$$V_{胶材}=\frac{m_C}{\rho_C}+\frac{m_F}{\rho_F}+\frac{m_K}{\rho_K}+\frac{m_{Si}}{\rho_{Si}} \tag{7-10}$$

7. 砂子用量及用水量

1) 砂子体积

$$V_S=P-V_{胶材} \tag{7-11}$$

2) 砂子用量

$$m_S=\frac{\rho_{S表观}V_S}{1-H_G} \tag{7-12}$$

3) 砂子用水量

$$W_2=m_S\times(6\%-H_W) \tag{7-13}$$

8. 水泥混合砂浆体积

$$V_{砂浆}=P+\frac{W_1+W_2}{\rho_W} \tag{7-14}$$

9. 石子用量及用水量

$$m_G=(1-V_{砂浆})\rho_{G表观}-m_S\times H_G \tag{7-15}$$

$$W_3=m_G\times X_W \tag{7-16}$$

10. 混凝土总用水量

$$W=W_1+W_2+W_3 \tag{7-17}$$

11. 混凝土配合比

混凝土配合比见表 7-4。

表 7-4　混凝土配合比

水泥	矿渣粉	粉煤灰	硅灰	砂	石子	水
C	K	F	Si	S	G	W

7.1.5　试配

1. 外加剂掺量调整试验

按照以上配合比，称取水泥、矿渣粉、硅灰和水，进行外加剂掺量试验，在试配过程中，管桩混凝土拌和物坍落度控制在(100±30)mm。

2. 试配工艺

首先将胶凝材料和砂石按照配合比用量计量后加入搅拌机，将外加剂加入水中混合均匀，开启搅拌机，边加水边搅拌，待水泥混合砂浆完全包裹石子且浆体表面有光泽时停止搅拌，测量坍落度控制在(100±30)mm，成型混凝土试件强度满足设计要求即可。

7.1.6　工业化生产应用

经过检测，试配的混凝土强度达到设计要求后就可以用于管桩离心混凝土生产。

7.2　C50 管桩混凝土配合比设计工程应用

7.2.1　胶凝材料主要技术参数

该 C50 管桩使用唐山冀东盾石牌 P·O42.5 水泥、S95 级矿渣粉和 Ⅰ 级粉煤灰，各种材料主要技术参数见表 7-5。

表 7-5　各种材料主要技术参数

名称	水泥	矿渣粉	粉煤灰
强度/MPa	47.5	—	—
密度/(kg/m³)	3050	2800	2200
需水量(比)	27	1.0	0.98
活性指数	—	100	80

水泥检测材料用量及体积见表 7-6。

表 7-6　水泥检测材料用量及体积

名称	水泥	砂	水	水泥胶砂
用量/g	450	1350	225	2025
密度/(kg/m³)	3050	2700	1000	—
体积/dm³	0.148	0.50	0.225	0.873

1. 水泥质量强度比的计算

1) 水泥在砂浆中的体积比

$$V_C = \frac{0.148}{0.873} = 0.170$$

2) 标准稠度水泥浆体的强度

$$\sigma = \frac{47.5}{0.170} = 279(\text{MPa})$$

3) 标准稠度水泥浆体的密度

$$\rho_0 = \frac{3050 \times \left(1 + \frac{27}{100}\right)}{1 + \frac{3050}{1000} \times \frac{27}{100}} = 2124(\text{kg/m}^3)$$

4) 水泥的质量强度比

$$R_C = \frac{2124}{279} = 7.6(\text{kg/(MPa} \cdot \text{m}^3))$$

2. 矿渣粉活性系数

$$\alpha_K = \frac{100 - 50}{50} = 1.0$$

3. 粉煤灰活性系数

$$\alpha_F = \frac{80 - 70}{30} = 0.33$$

7.2.2 砂石主要技术参数

1. 石子主要技术参数

本次设计使用 5～25mm 碎石，技术参数通过现场检测求得，具体数据见表 7-7。

表 7-7 石子的主要技术参数

粒级/mm	表观密度/(kg/m³)	空隙率/%	吸水率/%
5～25	2513	43.5	1.5

2. 砂子主要技术参数

本次设计采用洁净的中砂，技术参数通过现场检测求得，具体数据见表 7-8。

表 7-8　砂子的主要技术参数

细度模数	含石率/%	含水率/%	表观密度/(kg/m³)
2.6	2	0	2550

7.2.3　配合比设计计算步骤

1. 配制强度

$$f_{\text{cuo}} = 50 \times 1.15 = 57.5(\text{MPa})$$

2. 胶凝材料用量

1) 基准水泥用量

$$m_{\text{C}_0} = 7.6 \times 57.5 = 437(\text{kg})$$

2) 水泥用量

$$m_{\text{C}} = 437 \times 0.8 = 350(\text{kg})$$

3) 矿渣粉用量

$$m_{\text{K}} = \frac{437 \times 0.15}{1.0} = 66(\text{kg})$$

4) 粉煤灰用量

$$m_{\text{F}} = \frac{437 \times 0.05}{0.33} = 66(\text{kg})$$

3. 胶凝材料标准稠度用水量

$$W_{\text{B}} = (350 + 66 \times 1.0 + 66 \times 0.98) \times \frac{27}{100} = 130(\text{kg})$$

4. 泌水系数

$$M_{\text{W}} = \frac{350 + 66 + 66}{300} - 1 = 0.61$$

5. 胶凝材料拌和用水量

$$W_1 = \frac{2}{3} \times 130 + \frac{1}{3} \times 130 \times (1 - 0.61) = 104(\text{kg})$$

6. 胶凝材料体积

$$V_{\text{胶材}} = \frac{350}{3050} + \frac{66}{2800} + \frac{66}{2200} = 0.168(\text{m}^3)$$

7. 砂子用量及用水量

1) 砂子体积

$$V_S = 0.435 - 0.168 = 0.267 (\text{m}^3)$$

2) 砂子用量

$$m_S = \frac{2550 \times 0.267}{1 - 0.02} = 695 (\text{kg})$$

3) 砂子用水量

$$W_2 = 695 \times 6\% = 42 (\text{kg})$$

8. 水泥混合砂浆体积

$$V_{\text{砂浆}} = 0.435 + \frac{104 + 42}{1000} = 0.581 (\text{m}^3)$$

9. 石子用量及用水量

$$m_G = (1 - 0.581) \times 2513 - 695 \times 2\% = 1039 (\text{kg})$$

$$W_3 = 1039 \times 1.5\% = 16 (\text{kg})$$

10. 混凝土用水量

$$W = 104 + 42 + 16 = 162 (\text{kg})$$

11. C50 管桩混凝土配合比

C50 管桩混凝土配合比见表 7-9。

表 7-9　C50 管桩混凝土配合比　　　　　　　　(单位：kg/m³)

水泥	矿渣粉	粉煤灰	砂	石子	水
350	66	66	695	1039	162

7.2.4　试配

1. 外加剂调整试验

称取水泥 350g、矿渣粉 66g、粉煤灰 66g 和水 130g，进行外加剂掺量试验，在试配过程中管桩混凝土拌和物坍落度控制在 (100±30)mm，外加剂掺量为 1%。

2. 试配工艺

首先将胶凝材料和砂子按照配合比用量计量后加入搅拌机，将外加剂加入水中混合均匀，开启搅拌机，边加水边搅拌，待水泥混合砂混合料搅拌均匀且浆体表面有光泽时停止搅拌，加入石子继续搅拌均匀即可，测量坍落度控制在(100±30)mm，成型混凝土试件强度满足设计要求。具体试验数据见表 7-10。

表 7-10　C50 管桩混凝土配合比及检测结果

1m³ 混凝土用量/kg							28d 强度/MPa
水泥	矿渣粉	粉煤灰	外加剂	砂	石子	拌和水	
350	66	66	4.8	695	1039	162	53.8
350	66	66	4.8	695	1039	162	56.5
350	66	66	4.8	695	1039	162	57.7

7.2.5　工业化生产应用

经过检测，试配的混凝土强度达到设计值，其他技术指标达到客户要求，可用于河北省唐山市某建材公司 C50 管桩混凝土生产。

7.3　C60 管桩混凝土配合比设计工程应用

7.3.1　胶凝材料主要技术参数

该 C60 管桩使用山水 P · O42.5 水泥、S95 级矿渣粉和 I 级粉煤灰。各种材料技术参数见表 7-11。

表 7-11　各种材料技术参数

名称	水泥	矿渣粉	粉煤灰
强度/MPa	49.8	—	—
密度/(kg/m³)	3080	2800	2200
需水量(比)	26.8	1.0	0.99
活性指数	—	108	85

水泥检测材料用量及体积见表 7-12。

表 7-12　水泥检测材料用量及体积

名称	水泥	砂	水	水泥胶砂
用量/g	450	1350	225	2025
密度/(kg/m³)	3080	2700	1000	—
体积/dm³	0.146	0.50	0.225	0.871

1. 水泥质量强度比的计算

1) 水泥在砂浆中的体积比

$$V_C = \frac{0.146}{0.871} = 0.168$$

2) 标准稠度水泥浆体的强度

$$\sigma = \frac{49.8}{0.168} = 296(\text{MPa})$$

3) 标准稠度水泥浆体的密度

$$\rho_0 = \frac{3080 \times \left(1 + \frac{26.8}{100}\right)}{1 + \frac{3080}{1000} \times \frac{26.8}{100}} = 2139(\text{kg/m}^3)$$

4) 水泥的质量强度比

$$R_C = \frac{2139}{296} = 7.2(\text{kg/(MPa} \cdot \text{m}^3))$$

2. 矿渣粉活性系数

$$\alpha_K = \frac{108 - 50}{50} = 1.16$$

3. 粉煤灰活性系数

$$\alpha_F = \frac{85 - 70}{30} = 0.5$$

7.3.2　砂石主要技术参数

1. 石子主要技术参数

本次设计使用 5～25mm 碎石，技术参数通过现场检测求得，具体数据见

表 7-13。

表 7-13 石子的主要技术参数

粒级/mm	表观密度/(kg/m³)	空隙率/%	吸水率/%
5～25	2407	38.5	1.5

2. 砂子主要技术参数

本次设计采用洁净的中砂,技术参数通过现场检测求得,具体数据见表 7-14。

表 7-14 砂子的主要技术参数

细度模数	含石率/%	含水率/%	表观密度/(kg/m³)
2.8	10	0	2550

7.3.3 配合比设计计算步骤

1. 配制强度

$$f_{\text{cuo}}=60\times1.15=69(\text{MPa})$$

2. 胶凝材料用量

1) 基准水泥用量

$$m_{\text{C}_0}=7.2\times69=497(\text{kg})$$

2) 水泥用量

$$m_{\text{C}}=497\times0.8=398(\text{kg})$$

3) 矿渣粉用量

$$m_{\text{K}}=\frac{497\times0.15}{1.16}=64(\text{kg})$$

4) 粉煤灰用量

$$m_{\text{F}}=\frac{497\times0.05}{0.5}=50(\text{kg})$$

3. 胶凝材料标准稠度用水量

$$W_{\text{B}}=(398+64\times1.0+50\times0.99)\times\frac{26.8}{100}=137(\text{kg})$$

4. 泌水系数

$$M_{\mathrm{W}} = \frac{398+64+50}{300} - 1 = 0.71$$

5. 胶凝材料拌和用水量

$$W_1 = \frac{2}{3} \times 137 + \frac{1}{3} \times 137 \times (1-0.71) = 105(\mathrm{kg})$$

6. 胶凝材料体积

$$V_{\text{胶材}} = \frac{398}{3080} + \frac{64}{2800} + \frac{50}{2200} = 0.175(\mathrm{m}^3)$$

7. 砂子用量及用水量

1) 砂子体积

$$V_{\mathrm{S}} = 0.385 - 0.175 = 0.210(\mathrm{m}^3)$$

2) 砂子用量

$$m_{\mathrm{S}} = \frac{2550 \times 0.210}{1-10\%} = 595(\mathrm{kg})$$

3) 砂子用水量

$$W_2 = 595 \times (6\% - 0\%) = 36(\mathrm{kg})$$

8. 水泥混合砂浆体积

$$V_{\text{砂浆}} = 0.385 + \frac{105+36}{1000} = 0.526(\mathrm{m}^3)$$

9. 石子用量及用水量

$$m_{\mathrm{G}} = (1-0.526) \times 2407 - 595 \times 10\% = 1081(\mathrm{kg})$$

$$W_3 = 1081 \times 1\% = 11(\mathrm{kg})$$

10. 混凝土用水量

$$W = 105 + 36 + 11 = 152(\mathrm{kg})$$

11. C60 管桩混凝土配合比

C60 管桩混凝土配合比见表 7-15。

表 7-15　C60 管桩混凝土配合比　　　　(单位：kg/m³)

水泥	矿渣粉	粉煤灰	砂	石子	水
398	64	50	595	1081	152

7.3.4　试配

1. 外加剂调整试验

称取水泥 398g、矿渣粉 64g、粉煤灰 50g 和水 138g，进行外加剂掺量调整试验，混凝土拌和物坍落度控制在(100±30)mm，外加剂掺量为 1%。

2. 试配工艺

首先将胶凝材料和砂子按照配合比用量计量后加入搅拌机，将外加剂加入水中混合均匀，开启搅拌机，边加水边搅拌，待水泥混合砂混合料搅拌均匀且浆体表面有光泽时停止搅拌，加入石子继续搅拌均匀即可，测量坍落度控制在(100±30)mm，成型混凝土试件强度满足设计要求。具体试验数据见表 7-16。

表 7-16　C60 管桩混凝土配合比及检测结果

1m³ 混凝土用量/kg							28d 强度/MPa
水泥	矿渣粉	粉煤灰	外加剂	天然砂	石子	拌和水	
398	64	50	5.1	595	1081	152	68.8
398	64	50	5.1	595	1081	152	72.5
398	64	50	5.1	595	1081	152	70.6

7.3.5　工业化生产应用

经过检测，试配的混凝土强度达到设计值，其他技术指标满足客户要求，可用于山东德州某建材公司 C60 管桩混凝土生产。

7.4　C70 管桩混凝土配合比设计工程应用

7.4.1　胶凝材料主要技术参数

该 C70 管桩使用冀东 P·O52.5 水泥、S95 级矿渣粉和硅灰，各种材料技术参数见表 7-17。

表 7-17　各种材料技术参数

名称	水泥	矿渣粉	硅灰
强度/MPa	55.7	—	—
密度/(kg/m³)	3100	2800	2600
比表面积/(m²/kg)	350	400	18000
需水量(比)	26.5	1.0	1.02
活性指数	—	102	—

水泥检测材料用量及体积见表 7-18。

表 7-18　水泥检测材料用量及体积

名称	水泥	砂	水	水泥胶砂
用量/g	450	1350	225	2025
密度/(kg/m³)	3100	2700	1000	—
体积/dm³	0.145	0.50	0.225	0.870

1. 水泥质量强度比的计算

1) 水泥在砂浆中的体积比

$$V_C = \frac{0.145}{0.870} = 0.167$$

2) 标准稠度水泥浆体的强度

$$\sigma = \frac{55.7}{0.167} = 334 (\text{MPa})$$

3) 标准稠度水泥浆体的密度

$$\rho_0 = \frac{3100 \times \left(1 + \dfrac{26.5}{100}\right)}{1 + \dfrac{3100}{1000} \times \dfrac{26.5}{100}} = 2153 (\text{kg/m}^3)$$

4) 水泥的质量强度比

$$R_C = \frac{2139}{334} = 6.4 (\text{kg/(MPa} \cdot \text{m}^3))$$

2. 矿渣粉活性系数

$$\alpha_K = \frac{102-50}{50} = 1.04$$

3. 硅灰填充系数

$$u_4 = \sqrt{\frac{2600 \times 18000}{3100 \times 350}} = 6.6$$

7.4.2　砂石主要技术参数

1. 石子的主要技术参数

本次设计使用 5～25mm 碎石，技术参数通过现场检测求得，具体数据见表 7-19。

表 7-19　石子的主要技术参数

粒级/mm	表观密度/(kg/m³)	空隙率/%	吸水率/%
5～25	2712	45.8	1.0

2. 砂子的主要技术参数

本次设计采用洁净的中砂，技术参数通过现场检测求得，具体数据见表 7-20。

表 7-20　砂子的主要技术参数

细度模数	含石率/%	含水率/%	表观密度/(kg/m³)
2.7	0	0	2550

7.4.3　配合比设计计算步骤

1. 配制强度

$$f_{cuo} = 70 \times 1.15 = 80.5(\text{MPa})$$

2. 胶凝材料用量

1) 基准水泥用量

$$m_{C_0} = 6.4 \times 80.5 = 515(\text{kg})$$

2) 水泥用量

$$m_C = 515 \times 0.8 = 412(\text{kg})$$

3) 矿渣粉用量

$$m_K = \frac{515 \times 0.1}{1.04} = 50(kg)$$

4) 硅灰用量

$$m_{Si} = \frac{515 \times 0.1}{6.6} = 8(kg)$$

3. 胶凝材料标准稠度用水量

$$W_B = (412 + 50 \times 1.0 + 8 \times 1.02) \times \frac{26.5}{100} = 125(kg)$$

4. 泌水系数

$$M_W = \frac{412 + 50 + 8}{300} - 1 = 0.57$$

5. 胶凝材料拌和用水量

$$W_1 = \frac{2}{3} \times 125 + \frac{1}{3} \times 125 \times (1 - 0.57) = 101(kg)$$

6. 胶凝材料体积

$$W_{胶材} = \frac{412}{3100} + \frac{50}{2800} + \frac{8}{2600} = 0.154(m^3)$$

7. 砂子用量及用水量

1) 砂子体积

$$V_S = 0.458 - 0.154 = 0.304(m^3)$$

2) 砂子用量

$$m_S = 2550 \times 0.304 = 775(kg)$$

3) 砂子用水量

$$W_2 = 775 \times (6\% - 0\%) = 47(kg)$$

8. 水泥混合砂浆体积

$$V_{砂浆} = 0.458 + \frac{47 + 101}{1000} = 0.606(m^3)$$

9. 石子用量及用水量

$$m_G = (1 - 0.606) \times 2712 = 1069 (\text{kg})$$

$$W_3 = 1069 \times 1\% = 11 (\text{kg})$$

10. 混凝土总用水量

$$W = 101 + 47 + 11 = 159 (\text{kg})$$

11. C70 管桩混凝土配合比

C70 管桩混凝土配合比见表 7-21。

表 7-21　C70 管桩混凝土配合比　　　　　　　（单位：kg/m³）

水泥	矿渣粉	硅灰	砂	石子	水
412	50	8	775	1069	159

7.4.4　试配

1. 外加剂调整试验

称取水泥 412g、矿渣粉 50g、硅灰 8g 和水 125g，进行外加剂掺量试验，混凝土拌和物坍落度控制在(100±30)mm 时，外加剂掺量为 1%。

2. 试配工艺

首先将胶凝材料和砂子按照配合比用量计量后加入搅拌机，将外加剂加入水中混合均匀，开启搅拌机，边加水边搅拌，待水泥混合砂混合料搅拌均匀且浆体表面有光泽时停止搅拌，加入石子继续搅拌均匀即可，测量坍落度控制在(100±30)mm，成型混凝土试件养护达到龄期后强度满足设计要求。具体试验数据见表 7-22。

表 7-22　C70 管桩混凝土配合比及试验结果

1m³ 混凝土用量/kg							28d 强度/MPa
水泥	矿渣粉	硅灰	外加剂	砂子	石子	拌和水	
412	50	8	4.8	775	1069	159	78.8
412	50	8	4.8	775	1069	159	75.5
412	50	8	4.8	775	1069	159	79.6

7.4.5　工业化生产应用

经过检测，试配的混凝土强度达到设计值，其他技术指标满足客户要求，可用于湖北荆州某建材公司 C70 管桩混凝土生产。

7.5　C80 管桩混凝土配合比设计工程应用

7.5.1　胶凝材料主要技术参数

本次试验使用华新 P·O52.5 水泥、S105 级矿渣粉和硅灰，各种材料技术参数见表 7-23。

表 7-23　各种材料技术参数

名称	水泥	矿渣粉	硅灰
强度/MPa	55.6	—	—
密度/(kg/m³)	3050	2800	2600
比表面积/(kg/m²)	350	400	18000
需水量(比)	27	1.0	0.98
活性指数	—	102	—

水泥检测材料用量及体积见表 7-24。

表 7-24　水泥检测材料用量及体积

名称	水泥	砂	水	水泥胶砂
用量/g	450	1350	225	2025
密度/(kg/m³)	3050	2700	1000	—
体积/dm³	0.148	0.50	0.225	0.873

1. 水泥质量强度比

1) 水泥在砂浆中的体积比

$$V_C = \frac{0.148}{0.873} = 0.170$$

2) 标准稠度水泥浆体的强度

$$\sigma = \frac{55.6}{0.170} = 327(MPa)$$

3) 标准稠度水泥浆体的密度

$$\rho_0 = \frac{3050 \times \left(1 + \dfrac{27}{100}\right)}{1 + \dfrac{3050}{1000} \times \dfrac{27}{100}} = 2124 (\text{kg/m}^3)$$

4) 水泥的质量强度比

$$R_\text{C} = \frac{2124}{327} = 6.5 (\text{kg/(MPa} \cdot \text{m}^3))$$

2. 矿渣粉活性系数

$$\alpha_\text{K} = \frac{102 - 50}{50} = 1.04$$

3. 硅灰填充系数

$$u_4 = \sqrt{\frac{2600 \times 18000}{3100 \times 350}} = 6.6$$

7.5.2 砂石主要技术参数

1. 石子主要技术参数

本次设计使用 5～25mm 碎石，技术参数通过现场检测求得，具体数据见表 7-25。

表 7-25 石子的主要技术参数

粒级/mm	表观密度/(kg/m³)	空隙率/%	吸水率/%
5～25	2672	12	1

2. 砂子主要技术参数

本次设计采用洁净的中砂，技术参数通过现场检测求得，具体数据见表 7-26。

表 7-26 砂子的主要技术参数

细度模数	含石率/%	含水率/%	表观密度/(kg/m³)
2.7	8	0	2550

7.5.3　配合比实际计算步骤

1. 配制强度

$$f_{cuo}=80\times1.15=92(\text{MPa})$$

2. 胶凝材料用量

1) 基准水泥用量

$$m_{C_0}=6.5\times92=598(\text{kg})$$

2) 水泥用量

$$m_C=598\times0.8=478(\text{kg})$$

3) 矿渣粉用量

$$m_K=\frac{598\times0.1}{1.04}=58(\text{kg})$$

4) 硅灰用量

$$m_{Si}=\frac{598\times0.1}{6.6}=9(\text{kg})$$

3. 胶凝材料标准稠度用水量

$$W_B=(478+58\times1.0+9\times0.98)\times\frac{27}{100}=147(\text{kg})$$

4. 泌水系数

$$M_W=\frac{478+58+9}{300}-1=0.82$$

5. 胶凝材料拌和用水量

$$W_1=\frac{2}{3}\times147+\frac{1}{3}\times147\times(1-0.82)=107(\text{kg})$$

6. 胶凝材料体积

$$V_{胶材}=\frac{478}{3050}+\frac{58}{2800}+\frac{9}{2600}=0.181(\text{m}^3)$$

7. 砂子用量及用水量

1) 砂子体积

$$V_S=0.42-0.181=0.239(\text{m}^3)$$

2) 砂子用量

$$m_S = \frac{2550 \times 23.9\%}{1 - 8\%} = 662(\text{kg})$$

3) 砂子用水量

$$W_2 = 662 \times (6\% - 0\%) = 40(\text{kg})$$

8. 水泥混合砂浆体积

$$V_{砂浆} = 0.42 + \frac{107 + 40}{1000} = 0.567(\text{m}^3)$$

9. 石子用量及用水量

$$m_G = (1 - 0.567) \times 2672 - 662 \times 8\% = 1104(\text{kg})$$

$$W_3 = 1104 \times 1\% = 11(\text{kg})$$

10. 混凝土总用水量

$$W = 107 + 40 + 11 = 158(\text{kg})$$

11. C80 管桩混凝土配合比

C80 管桩混凝土配合比见表 7-27。

表 7-27　C80 管桩混凝土配合比　　　　　　　　(单位：kg/m³)

水泥	矿渣粉	硅灰	砂	石子	水
478	58	9	662	1104	158

7.5.4　试配

1. 外加剂调整试验

称取水泥 478g、矿渣粉 58g、硅灰 9g 和水 147g，进行外加剂掺量调整试验，管桩混凝土拌和物坍落度控制在(100±30)mm，外加剂掺量为 1%。

2. 试配工艺

首先将胶凝材料和砂子按照配合比用量计量后加入搅拌机，将外加剂加入水中混合均匀，开启搅拌机，边加水边搅拌，待水泥混合砂混合料搅拌均匀且浆体表面有光泽时停止搅拌，加入石子继续搅拌均匀即可，测量坍落度控制在

(100±30)mm，成型混凝土试件养护达到龄期后强度满足设计要求。具体试验数据见表 7-28。

表 7-28　C80 管桩混凝土配合比及试验结果

1m³ 混凝土用量/kg							28d 强度/MPa
水泥	矿渣粉	硅灰	外加剂	砂	石子	拌和水	
478	58	9	5.7	662	1104	158	90.8
478	58	9	5.7	662	1104	158	97.5
478	58	9	5.7	662	1104	158	93.6

7.5.5　工业化生产应用

经过检测，试配的混凝土强度达到设计要求，达到了用户提出的技术指标，可用于湖北荆州某建材公司 C80 管桩混凝土生产。

第8章 透水混凝土配合比设计方法及工程应用

8.1 透水混凝土配合比设计方法

8.1.1 透水混凝土配合比设计计算思路

透水混凝土由硬化水泥砂浆和石子两部分组成，石子形成透水混凝土骨架，硬化水泥砂浆将石子黏结在一起产生强度，贯通开口孔隙用于透水。透水混凝土的破坏主要是浆体破坏造成的。透水混凝土的设计采用定量预留贯通开口孔隙设计法。在配合比设计中主要确定粗骨料、细骨料、胶凝材料、胶粉、拌和水和外加剂的用量。胶凝材料和外加剂的确定：以使用水泥配制混凝土为计算基础，首先根据水泥强度、需水量和表观密度求出为混凝土提供 1MPa 强度时水泥的用量，以此计算出满足设计强度等级所需水泥的量，然后根据掺合料的活性系数等活性替换的方法求得胶凝材料的合理分配比例，求得胶凝材料标准稠度用水量，考虑到混凝土的泌水情况，扣除泌水量后得到拌制透水混凝土时胶凝材料的准确用水量。砂石用量的确定：首先测得单粒级石子的堆积密度、空隙率和吸水率，然后测出砂子的紧密堆积密度和含水率。在配制透水混凝土时，可以认为混凝土体积与粗骨料自然堆积时的体积相同，石子的堆积密度数据就是配制 1m³ 透水混凝土所用的粗骨料用量。空隙部分被区分成两部分，一部分由水泥混合砂浆填充，一部分作为贯通开口孔隙用来透水，砂子的体积由石子空隙体积减去胶凝材料浆体体积和预留贯通开口孔隙体积求得，这样就科学定量地设计出透水混凝土配合比，既保证了混凝土的强度，又保证了混凝土透水。

8.1.2 原材料主要技术参数

1. 胶凝材料主要技术参数

胶凝材料主要技术参数见表 8-1。

表 8-1 胶凝材料主要技术参数

名称	水泥	粉煤灰	矿渣粉	硅灰
强度	R	—	—	—
密度	ρ_C	ρ_F	ρ_K	ρ_{Si}

续表

名称	水泥	粉煤灰	矿渣粉	硅灰
需水量(比)	W_0	β_F	β_K	β_{Si}
活性指数	100	H_{28}	A_{28}	—

2. 砂子主要技术参数

砂子主要技术参数见表 8-2。

表 8-2　砂子主要技术参数

名称	紧密堆积密度	含水率	含石率
指标	ρ_S	H_W	H_G

3. 石子主要技术参数

石子主要技术参数见表 8-3。

表 8-3　石子主要技术参数

名称	堆积密度	空隙率	吸水率
指标	$\rho_{G堆积}$	P	X_W

8.1.3　配合比设计计算步骤

1. 配制强度

$$f_{cuo} = f_{cuk} + 1.645\sigma \tag{8-1}$$

2. 胶凝材料用量

1) 基准水泥用量

$$m_{C_0} = R_C \times f_{cuo} \tag{8-2}$$

2) 水泥用量

$$m_C = x_C \times m_{C_0} \tag{8-3}$$

3) 矿渣粉用量

$$m_K = \frac{x_K \times m_{C_0}}{\alpha_K} \tag{8-4}$$

4) 粉煤灰用量

$$m_{\mathrm{F}}=\frac{x_{\mathrm{F}}\times m_{\mathrm{C_0}}}{\alpha_{\mathrm{F}}}$$

(8-5)

3. 胶凝材料标准稠度用水量

$$W_{\mathrm{B}}=(m_{\mathrm{C}}+m_{\mathrm{F}}\times\beta_{\mathrm{F}}+m_{\mathrm{K}}\times\beta_{\mathrm{K}})\frac{W_0}{100}$$

(8-6)

4. 泌水系数

$$M_{\mathrm{W}}=\frac{m_{\mathrm{C}}+m_{\mathrm{F}}+m_{\mathrm{K}}}{300}-1$$

(8-7)

5. 胶凝材料拌和用水量

$$W_1=\frac{2}{3}W_{\mathrm{B}}+\frac{1}{3}W_{\mathrm{B}}\times(1-M_{\mathrm{W}})$$

(8-8)

6. 胶凝材料浆体体积

$$V_{\text{浆体}}=\frac{m_{\mathrm{C}}}{\rho_{\mathrm{C}}}+\frac{m_{\mathrm{F}}}{\rho_{\mathrm{F}}}+\frac{m_{\mathrm{K}}}{\rho_{\mathrm{K}}}+\frac{W_1}{\rho_{\mathrm{W}}}$$

(8-9)

7. 砂子用量及用水量

1) 砂子体积

$$V_{\mathrm{S}}=P-V_{\text{浆体}}-V_{\text{预留}}$$

(8-10)

2) 砂子用量

$$m_{\mathrm{S}}=\rho_{\mathrm{S}}\times V_{\mathrm{S}}$$

(8-11)

3) 砂子用水量

$$W_{2\min}=m_{\mathrm{S}}\times(5.7\%-H_{\mathrm{W}})$$

(8-12)

$$W_{2\max}=m_{\mathrm{S}}\times(7.7\%-H_{\mathrm{W}})$$

(8-13)

8. 石子用量及用水量

$$m_{\mathrm{G}}=1\times\rho_{\mathrm{G堆积}}$$

(8-14)

$$W_3=m_{\mathrm{G}}\times X_{\mathrm{W}}$$

(8-15)

9. 砂石用水量

$$W_{2min+3}=W_{2min}+W_3 \tag{8-16}$$

$$W_{2max+3}=W_{2max}+W_3 \tag{8-17}$$

10. 透水混凝土配合比

透水混凝土配合比见表 8-4。

表 8-4　透水混凝土配合比

水泥	矿粉	粉煤灰	硅灰	砂	石子	外加剂	拌和水	预湿水
C	K	F	Si	S	G	A	W_1	W_{2+3}

8.1.4　生产应用

为了提高透水混凝土界面的黏结强度，在生产过程中采取扩大黏结面积来增加强度，在粗骨料品种和用量一定的条件下，采用较大粒径石子配制透水混凝土时，加入适量细骨料，由水泥砂浆包裹石子，实现胶凝材料总量不变而浆体和石子的黏结面积扩大，提高黏结强度，使透水混凝土的强度增加。在透水混凝土配合比固定的条件下，适量掺加胶粉，增加了水泥砂浆浆体的黏结力，实现水泥混合砂浆浆体总量不变而浆体和石子之间的黏结力变大，黏结强度提高，提高了透水混凝土的强度。生产过程中采用水泥砂浆裹石工艺，使混凝土拌和物在粗骨料表面包裹一薄层水泥混合砂浆以提高强度。为了实现透水，透水混凝土拌和物由自卸车运输到施工现场后经过机械摊铺，碾压成型后相互黏结而形成贯通开口孔隙均匀分布的蜂窝状结构，保证混凝土透水顺畅，实现黏结强度高且透水系数大。

8.2　奥林匹克国家森林公园透水混凝土设计工程应用

8.2.1　工程概况

奥林匹克国家森林公园地处北京市朝阳区北部，占地约 685 公顷，园区人行道路共计 11.7 万 m²，采用生态透水混凝土作为景观道路铺装材料，园中的彩色透水混凝土与周围绿色的花草树木相结合，把自然的美丽和谐体现得淋漓尽致，远远望去就像自然界中一条条彩色的丝带，雨后道路不会积水。

按照奥林匹克国家森林公园透水混凝土技术要求，先将基础素土夯实，铺设100mm 厚碎石碾压密实；300mm 厚级配砂石垫层；30mm 厚砂滤层；受力层铺设250mm 厚 5～15mm 粒径碎石。透水混凝土强度等级为 C25，能够承载消防救火车辆通过的压力；贯通开口孔隙率为 15%，透水系数为 2.5～4.5mm/s，保证透水速度大于降水速度；抗冻指标达到 D50，保证人行道的正常使用寿命。

8.2.2　原材料主要技术参数

1. 胶凝材料主要技术参数

该项目使用冀东盾石牌 P·S42.5 水泥、瑞德 S75 级矿渣粉、高井Ⅱ级灰粉煤灰，具体参数见表 8-5。

表 8-5　胶凝材料主要技术参数

名称	水泥	矿渣粉	粉煤灰
强度/MPa	45	—	—
密度/(kg/m^3)	3050	2800	2200
需水量(比)	27	1.0	1.05
活性指数	—	90	75

水泥检测材料用量及体积见表 8-6。

表 8-6　水泥检测材料用量及体积

名称	水泥	砂	水	水泥胶砂
用量/g	450	1350	225	2025
密度/(kg/m^3)	3050	2700	1000	—
体积/dm^3	0.148	0.50	0.225	0.873

1) 水泥质量强度比的计算

(1) 水泥在砂浆中的体积比。

$$V_C = \frac{0.148}{0.873} = 0.170$$

(2) 标准稠度水泥浆体的强度。

$$\sigma = \frac{45}{0.170} = 265(\text{MPa})$$

(3) 标准稠度水泥浆体的密度。

$$\rho_0 = \frac{3050 \times \left(1 + \frac{27}{100}\right)}{1 + \frac{3050}{1000} \times \frac{27}{100}} = 2124(\text{kg/m}^3)$$

(4) 水泥的质量强度比。

$$R_C = \frac{2124}{265} = 8.0(\text{kg}/(\text{MPa} \cdot \text{m}^3))$$

2) 矿渣粉活性系数

$$\alpha_K = \frac{90 - 50}{50} = 0.8$$

3) 粉煤灰活性系数

$$\alpha_F = \frac{75 - 70}{30} = 0.17$$

2. 砂石主要技术参数

1) 石子主要技术参数

该项目使用洁净的 16～20mm 单粒级石子，技术参数通过现场检测求得，具体数据见表 8-7。

表 8-7　石子的主要技术参数

堆积密度/(kg/m³)	空隙率/%	吸水率/%
1350	45	1

2) 砂子主要技术参数

该项目使用细度模数为 2.6 的洁净中砂，技术参数通过现场检测求得，具体数据见表 8-8。

表 8-8　砂子的主要技术参数

紧密堆积密度/(kg/m³)	含石率/%	含水率/%
1720	0	1

8.2.3　透水混凝土配合比设计

1. 配制强度

由于透水混凝土预留了开口孔隙，施工过程要求扩大浆体与骨料的黏结面，提高黏结强度，因此在 C25 透水混凝土设计时按照提高一个强度等级即用 C30 进行计算。

$$f_{\text{cuo}} = 30 + 1.645 \times 4 = 36.6(\text{MPa})$$

2. 胶凝材料用量

1) 基准水泥用量

$$m_{\text{C}_0} = 8 \times 36.6 = 293(\text{kg})$$

2) 水泥用量

$$m_{\text{C}} = 293 \times 0.7 = 205(\text{kg})$$

3) 矿渣粉用量

$$m_{\text{K}} = \frac{293 \times 0.25}{0.8} = 92(\text{kg})$$

4) 粉煤灰用量

$$m_{\text{F}} = \frac{293 \times 0.05}{0.17} = 86(\text{kg})$$

3. 胶凝材料标准稠度用水量

$$W_{\text{B}} = (205 + 92 \times 1.0 + 86 \times 1.05) \times \frac{27}{100} = 105(\text{kg})$$

4. 泌水系数

$$M_{\text{W}} = \frac{205 + 92 + 86}{300} - 1 = 0.28$$

5. 胶凝材料拌和用水量

$$W_1 = 105 \times \frac{2}{3} + 105 \times \frac{1}{3} \times (1 - 0.28) = 95(\text{kg})$$

6. 胶凝材料浆体体积

$$V_{\text{浆体}} = \frac{205}{3050} + \frac{92}{2800} + \frac{86}{2200} + \frac{95}{1000} = 0.234(\text{m}^3)$$

7. 砂子用量及用水量

1) 砂子体积

$$V_{\text{S}} = 0.45 - 0.234 - 0.15 = 0.066(\text{m}^3)$$

2) 砂子用量

$$m_S = 1720 \times 0.066 = 114(kg)$$

3) 砂子用水量

$$W_{2\min} = 114 \times (5.7\% - 1\%) = 5(kg)$$

$$W_{2\max} = 115 \times (7.7\% - 1\%) = 8(kg)$$

8. 石子用量及用水量

$$m_G = 1350 \times 1 = 1350(kg)$$

$$W_3 = 1350 \times 1\% = 14(kg)$$

9. 砂石用水量

$$W_{2\min+3} = 5 + 14 = 19(kg)$$

$$W_{2\max+3} = 8 + 14 = 22(kg)$$

10. C30 透水混凝土配合比

C30 透水混凝土配合比见表 8-9。

表 8-9　C30 透水混凝土配合比　　　　　　(单位：kg/m³)

水泥	矿渣粉	粉煤灰	砂	石子	拌和水	预湿水
205	92	86	114	1350	95	19~22

8.2.4　试配

1. 外加剂调整试验

称取水泥 205g、矿渣粉 92g、粉煤灰 86g、水 104g，进行外加剂掺量试验，同时掺加胶粉增加浆体的黏度，得到外加剂合理掺量为 1%，胶粉的掺量为 4kg/m³。

2. 试配工艺

首先将胶凝材料、胶粉、砂子与水投入搅拌机搅拌均匀，形成水泥混合砂浆，然后将石子加入搅拌机搅拌，待混凝土拌和物完全均匀时停止搅拌，这时混凝土拌和物中的水泥砂浆完全包裹在石子表面，没有松散的颗粒存在，浆体表面有光泽。透水混凝土试件的制作采用压制成型工艺，成型的透水混凝土试件养护达到龄期后，强度、透水系数和抗冻指标全部满足设计要求。具体试验数据见表 8-10。

表 8-10 C30 透水混凝土配合比及检测结果

1m³ 混凝土用量/kg									28d 强度 /MPa	透水系数 /(mm/s)	抗冻 D50
水泥	矿渣粉	粉煤灰	胶粉	外加剂	天然砂	石子	拌和水	预湿水			
205	92	86	4	4	114	1350	95	22	35.5	3.5	合格
205	92	86	4	4	114	1350	95	22	37.6	3.4	合格
205	92	86	4	4	114	1350	95	22	36.9	3.4	合格

8.2.5 工程应用

在试验成功的基础上，进行了奥林匹克国家森林公园南园、北园门区工程施工，包括门区(N1、N4、N6、S1、S2、S3)土建、装饰、电气(强、弱电)、水暖通工程、消防工程；门区(N1、N2、N3、N4、N6、S1、S2、S3、S4)标识、广场铺装、停车场；全园廊架、花架、室外管线工程等部位铺装透水混凝土。工程质量达到设计要求，通过多年的使用，透水效果良好，得到了各界人士的好评。

8.3 兰州新区人行道路透水混凝土设计工程应用

8.3.1 工程概况

兰州新区位于秦王川盆地，年均降水量 460mm，属于内陆缺水城市，为了充分利用自然降水资源,在新区的人行道路和公园设计中推广铺设透水混凝土路面。在干旱的西北地区，铺设透水混凝土路面可以让雨水流入地下，有效补充地下水，并能有效地消除地面上的油类化合物等对环境污染的危害，使城市环境建设更加和谐，是保护自然、维护生态平衡、缓解城市热岛效应的有效措施。在城市雨水管理与水污染防治等工作上具有极其深远的意义，有利于生存环境的良性发展。该项目透水混凝土技术要求：设计强度等级 C20，透水系数 2.5～4.5mm/s，抗冻达到 D50，耐用耐磨性能达到普通地坪水平。

8.3.2 原材料主要技术参数

1. 胶凝材料主要技术参数

该项目使用祁连山 P·S32.5 水泥，矿渣粉采用 S75 级，粉煤灰采用 Ⅱ 级灰，具体参数见表 8-11。

表 8-11 胶凝材料主要技术参数

名称	水泥	矿渣粉	粉煤灰
强度/MPa	37	—	—
密度/(kg/m³)	2950	2800	2200
需水量(比)	28	1.0	1.03
活性指数	—	92	75

水泥检测材料用量及体积见表 8-12。

表 8-12 水泥检测材料用量及体积

名称	水泥	砂	水	水泥胶砂
用量/g	450	1350	225	2025
密度/(kg/m³)	2950	2700	1000	—
体积/dm³	0.153	0.50	0.225	0.878

1) 水泥质量强度比的计算

(1) 水泥在砂浆中的体积比。

$$V_C = \frac{0.153}{0.878} = 0.174$$

(2) 标准稠度水泥浆体的强度。

$$\sigma = \frac{37}{0.174} = 213(\text{MPa})$$

(3) 标准稠度水泥浆体的密度。

$$\rho_0 = \frac{2950 \times \left(1 + \dfrac{28}{100}\right)}{1 + \dfrac{2950}{1000} \times \dfrac{28}{100}} = 2068(\text{kg/m}^3)$$

(4) 水泥的质量强度比。

$$R_C = \frac{2068}{213} = 9.7(\text{kg/(MPa} \cdot \text{m}^3))$$

2) 矿渣粉活性系数

$$\alpha_K = \frac{92 - 50}{50} = 0.84$$

3) 粉煤灰活性系数

$$\alpha_F = \frac{75 - 70}{30} = 0.17$$

2. 砂石主要技术参数

1) 石子主要技术参数

该项目使用洁净的 16～20mm 单粒级石子，技术参数通过现场检测求得，具体数据见表 8-13。

表 8-13　石子的主要技术参数

堆积密度/(kg/m^3)	空隙率/%	吸水率/%
1280	44.5	1.5

2) 砂子主要技术参数

该项目使用细度模数为 2.6 的洁净中砂，技术参数通过现场检测求得，具体数据见表 8-14。

表 8-14　砂子的主要技术参数

紧密堆积密度/(kg/m^3)	含石率/%	含水率/%
1860	0	2

8.3.3　透水混凝土配合比设计

1. 配制强度

由于透水混凝土预留了开口孔隙，为了提高浆体和骨料的界面黏结强度，在 C20 透水混凝土配合比设计时按照提高一个强度等级即 C25 进行设计。

$$f_{\text{cuo}} = 25 + 1.645 \times 4 = 31.6 (\text{MPa})$$

2. 胶凝材料用量

1) 基准水泥用量

$$m_{C_0} = 9.7 \times 31.6 = 307 (\text{kg})$$

2) 水泥用量

$$m_C = 307 \times 0.7 = 215 (\text{kg})$$

3) 矿渣粉用量

$$m_K = \frac{307 \times 0.25}{0.84} = 91 (\text{kg})$$

4) 粉煤灰用量

$$m_F = \frac{307 \times 0.05}{0.17} = 90(kg)$$

3. 胶凝材料标准稠度用水量

$$W_B = (215 + 91 \times 1.0 + 90 \times 1.03) \times \frac{28}{100} = 112(kg)$$

4. 泌水系数

$$M_W = \frac{215 + 91 + 90}{300} - 1 = 0.32$$

5. 胶凝材料拌和用水量

$$W_1 = \frac{2}{3} \times 112 + \frac{1}{3} \times 112 \times (1 - 0.32) = 100(kg)$$

6. 胶凝材料浆体体积

$$V_{浆体} = \frac{215}{2950} + \frac{91}{2800} + \frac{90}{2200} + \frac{100}{1000} = 0.246(m^3)$$

7. 砂子用量及用水量

1) 砂子体积

$$V_S = 0.445 - 0.246 - 0.15 = 0.049(m^3)$$

2) 砂子用量

$$m_S = 1860 \times 0.049 = 91(kg)$$

3) 砂子用水量

$$W_{2min} = 91 \times (5.7\% - 2\%) = 3(kg)$$
$$W_{2max} = 91 \times (7.7\% - 2\%) = 5(kg)$$

8. 石子用量及用水量

$$m_G = 1280 \times 1 = 1280(kg)$$
$$W_3 = 1280 \times 1.5\% = 19(kg)$$

9. 砂石用水量

$$W_{2min+3} = 3 + 19 = 22(kg)$$
$$W_{2max+3} = 5 + 19 = 24(kg)$$

10. C25 透水混凝土配合比

C25 透水混凝土配合比见表 8-15。

表 8-15　C25 透水混凝土配合比　　　　　　(单位：kg/m³)

水泥	矿渣粉	粉煤灰	砂	石子	拌和水	预湿水
215	91	90	91	1280	100	22～24

8.3.4　试配

1. 外加剂调整试验

称取水泥 215g、矿渣粉 91g、粉煤灰 90g、水 112g，进行外加剂掺量试验，同时掺加胶粉增加浆体的黏度，得到外加剂合理掺量为 1%，胶粉的掺量为 4kg/m³。

2. 试配工艺

首先将胶凝材料、胶粉、砂子与水投入搅拌机搅拌均匀，形成水泥混合砂浆，然后将石子投进搅拌机搅拌，搅拌均匀时水泥砂浆完全包裹在石子表面，浆体表面有明显的光泽。采用压制成型工艺，试件养护到龄期后进行强度、透水系数和抗冻试验，具体数据见表 8-16，全部满足设计要求。

表 8-16　C25 混凝土配合比及检测结果

1m³混凝土用量/kg									28d 强度 /MPa	透水系数 /(mm/s)	抗冻 D50
水泥	矿渣粉	粉煤灰	胶粉	外加剂	天然砂	石子	拌和水	预湿水			
215	91	90	4	4	91	1280	100	22	31.8	3.2	合格
215	91	90	4	4	91	1280	100	23	30.6	2.9	合格
215	91	90	4	4	91	1280	100	23	32.7	3.2	合格

8.3.5　工程应用

在试验成功的基础上，进行兰州新区人行道、自行车道、轻量级市政道路消防通道、园林景观公园道路、度假村和校园等地面透水混凝土铺装。施工前根据设计要求，合理布置施工力量，制定出施工方案，为工程顺利完成做好技术上的准备工作。透水混凝土采用自卸车运输，对于人行道面，大面积施工采用分块隔仓方式进行摊铺布料，其松铺系数为 1.1。将混合物均匀摊铺在工作面上，用刮尺找准平整度和控制一定的泛水度，然后用小型压路机压实。考虑到西北地区干旱，为减少水分的蒸发，路面压实后应立即覆盖塑料薄膜，以保持水分，待表面混凝土成型干燥后 3d 左右，涂刷透明封闭剂，增强耐久性和美观性。竣工后，经检测评定透水混凝土达到设计要求后开放通行。经过近五年的使用，兰州新区透水混凝土外观质量良好，透水性达到预期效果，得到当地业主的认可。

8.4　郑州国际会展中心停车场透水混凝土设计工程应用

8.4.1　工程概况

郑州国际会展中心是郑东新区的标志性建筑，主体建筑面积 22.76 万 m^2，室外停车场面积 4.5 万 m^2，可停泊 1800 辆汽车。为了改善停车环境，方便参展车辆停放，露天停车场设计采用彩色透水混凝土路面。

彩色透水混凝土设计要求使用 C20，能够承受参展车辆正常通行的压力；混凝土贯通开口孔隙率为 15%～25%，透水系数为 2.5～4.5mm/s，保证透水速度大于降水速度；抗冻指标达到 D50，保证停车场地面达到正常使用寿命。

8.4.2　原材料主要技术参数

1. 胶凝材料主要技术参数

该项目使用天瑞 P·S32.5 水泥、S75 级矿渣粉、Ⅱ级粉煤灰，具体参数见表 8-17。

表 8-17　胶凝材料主要技术参数

名称	水泥	矿渣粉	粉煤灰
强度/MPa	35	—	—
密度/(kg/m³)	2860	2800	2200
需水量(比)	28	1.0	1.05
活性指数	—	88	75

水泥检测材料用量及体积见表 8-18。

表 8-18　水泥检测材料用量及体积

名称	水泥	砂	水	水泥胶砂
用量/g	450	1350	225	2025
密度/(kg/m³)	2860	2700	1000	—
体积/dm³	0.157	0.50	0.225	0.882

1) 水泥质量强度比的计算

(1) 水泥在砂浆中的体积比。

$$V_C = \frac{0.157}{0.882} = 0.178$$

(2) 标准稠度水泥浆体的强度。

$$\sigma = \frac{35}{0.178} = 197(\text{MPa})$$

(3) 标准稠度水泥浆体的密度。

$$\rho_0 = \frac{2860 \times \left(1 + \frac{28}{100}\right)}{1 + \frac{2860}{1000} \times \frac{28}{100}} = 2033(\text{kg/m}^3)$$

(4) 水泥的质量强度比。

$$R_C = \frac{2033}{197} = 10.3(\text{kg}/(\text{MPa} \cdot \text{m}^3))$$

2) 矿渣粉活性系数

$$\alpha_K = \frac{88 - 50}{50} = 0.76$$

3) 粉煤灰活性系数

$$\alpha_F = \frac{75 - 70}{30} = 0.17$$

2. 砂石主要技术参数

1) 石子主要技术参数

该项目使用 16～20mm 单粒级石子，干净无杂质，技术参数通过现场检测求得，具体数据见表 8-19。

表 8-19　石子的主要技术参数

堆积密度/(kg/m³)	空隙率/%	吸水率/%
1250	46	1

2) 砂子主要技术参数

该项目使用细度模数为 2.7 的洁净中砂，技术参数通过现场检测求得，具体数据见表 8-20。

表 8-20　砂子的主要技术参数

紧密堆积密度/(kg/m³)	含石率/%	含水率/%
1790	0	1

8.4.3　透水混凝土配合比设计

1. 配制强度

由于透水混凝土预留了开口孔隙，为了提高浆体和骨料的界面黏结强度，在该项目 C20 透水混凝土配合比设计时按照提高一个强度等级即 C25 进行设计。

$$f_{cuo} = 25 + 1.645 \times 4 = 31.6(MPa)$$

2. 胶凝材料用量

1) 基准水泥用量

$$m_{C_0} = 10.3 \times 31.6 = 325(kg)$$

2) 水泥用量

$$m_C = 325 \times 0.75 = 244(kg)$$

3) 矿渣粉用量

$$m_K = \frac{325 \times 0.20}{0.76} = 86(kg)$$

4) 粉煤灰用量

$$m_F = \frac{325 \times 0.05}{0.17} = 96(kg)$$

3. 胶凝材料标准稠度用水量

$$W_B = (244 + 86 \times 1.0 + 96 \times 1.05) \times \frac{28}{100} = 121(kg)$$

4. 泌水系数

$$M_W = \frac{244 + 86 + 96}{300} - 1 = 0.42$$

5. 胶凝材料拌和用水量

$$W_1 = 121 \times \frac{2}{3} + 121 \times \frac{1}{3} \times (1 - 0.42) = 104(kg)$$

6. 胶凝材料浆体体积

$$V_{浆体} = \frac{244}{2860} + \frac{86}{2800} + \frac{96}{2200} + \frac{104}{1000} = 0.264(\text{m}^3)$$

7. 砂子用量及用水量

1) 砂子体积

$$V_S = 0.46 - 0.264 - 0.15 = 0.046(\text{m}^3)$$

2) 砂子用量

$$m_S = 1790 \times 0.046 = 82(\text{kg})$$

3) 石子用水量

$$W_{2\min} = 82 \times (5.7\% - 1\%) = 4(\text{kg})$$
$$W_{2\max} = 82 \times (7.7\% - 1\%) = 5(\text{kg})$$

8. 石子用量及用水量

$$m_G = 1250 \times 1 = 1250(\text{kg})$$
$$W_3 = 1250 \times 1\% = 13(\text{kg})$$

9. 砂石用水量

$$W_{2\min+3} = 4 + 13 = 17(\text{kg})$$
$$W_{2\max+3} = 5 + 13 = 18(\text{kg})$$

10. C25 透水混凝土配合比

C25 透水混凝土配合比见表 8-21。

表 8-21　C25 透水混凝土配合比　　　　　　　(单位：kg/m³)

水泥	矿渣粉	粉煤灰	砂	石子	拌和水	预湿水
244	86	96	82	1250	104	17～18

8.4.4　试配

1. 外加剂调整试验

称取水泥 244g、矿渣粉 86g、粉煤灰 96g、水 121g，进行外加剂掺量试验，同时掺加胶粉增加浆体的黏度，得到外加剂合理掺量为 2%，胶粉的掺量为 4kg/m³。

2. 试配工艺

首先将胶凝材料、胶粉、砂子与水投入搅拌机搅拌均匀，形成水泥混合砂浆，然后将石子投进搅拌机搅拌，搅拌均匀时水泥砂浆完全包裹在石子表面，浆体表面有明显的光泽。采用压制成型工艺，试件养护到龄期后进行强度、透水系数和抗冻试验，具体数据见表 8-22，全部满足设计要求。

表 8-22　C25 混凝土配合比及检测结果

1m³ 混凝土用量/kg									28d 强度 /MPa	透水系数 /(mm/s)	抗冻 D50
水泥	矿渣粉	粉煤灰	胶粉	外加剂	天然砂	石子	拌和水	预湿水			
244	86	96	4	8.5	82	1250	104	18	31.6	2.9	合格
244	86	96	4	8.5	82	1250	104	18	30.5	2.9	合格
244	86	96	4	8.5	82	1250	104	18	32.5	3.2	合格

8.4.5　工程应用

在试配成功的基础上，进行郑州国际会展中心停车场彩色透水混凝土施工，具体步骤为：①混凝土拌和物搅拌采用水泥砂浆包裹石子工艺，运输采用自卸车运送混凝土；②浇筑时先洒水保持路基湿润，保持基层路面平整，混凝土拌和物运输到现场后采用道路摊铺机快速进行铺摊，同时要设置胀缝条；③成型采用小型压路机压实，使透水混凝土骨料间形成贯通开口孔隙，摊铺碾压完成后在混凝土表面喷涂无机颜料；④成品透水混凝土采用覆膜养护，养护时间为 15d，养护过程禁止使用水枪直接冲击混凝土表面，养护期间禁止通行；⑤混凝土养护结束后喷涂表面耐磨保护剂；⑥养护达到龄期后经检测，透水混凝土各项技术指标达到设计要求，交付业主使用。经过近十多年使用，郑州国际会展中心停车场彩色透水混凝土透水性能良好，无机颜料色泽保持时间长，混凝土表面耐磨性好，达到了预期的使用效果。

8.5　济南经济开发区人行道路透水混凝土设计工程应用

8.5.1　工程概况

由于下大雨时雨水排泄不畅，造成市内路面积水，导致交通堵塞及安全事故发生。为改善民生，解决雨天出行困难，济南市推动了海绵城市建设项目，将济南经济开发区的人行道从防水结构改为全透水结构。采用透水混凝土铺装地面，下大雨时雨水能够快速渗入地下，保证路面无积水，保障行人和车辆的通行，同时补给城市地下水资源。

济南经济开发区人行道透水混凝土抗压强度等级要求大于 C20，能够承载消防救火车辆通过的压力；贯通开口孔隙率为 15%～25%，透水系数控制在 2.7～4.5mm/s，保证透水速度大于降水速度；抗冻指标到达 D50，保证地面的正常使用寿命。

8.5.2　原材料主要技术参数

1. 胶凝材料主要技术参数

该项目使用山水 P·S32.5 水泥，矿渣粉采用鲁碧 S75 级，粉煤灰采用Ⅱ级灰，具体参数见表 8-23。

表 8-23　胶凝材料主要技术参数

名称	水泥	矿渣粉	粉煤灰
强度/MPa	36	—	—
密度/(kg/m³)	2850	2800	2200
需水量(比)	28.0	1.0	1.03
活性指数	—	85	76

水泥检测材料用量及体积见表 8-24。

表 8-24　水泥检测材料用量及体积

名称	水泥	砂	水	水泥胶砂
用量/g	450	1350	225	2025
密度/(kg/m³)	2850	2700	1000	—
体积/dm³	0.158	0.50	0.225	0.883

1) 水泥质量强度比的计算

(1) 水泥在砂浆中的体积比。

$$V_C = \frac{0.158}{0.883} = 0.179$$

(2) 标准稠度水泥浆体的强度。

$$\sigma = \frac{36}{0.179} = 201(\text{MPa})$$

(3) 标准稠度水泥浆体的密度。

$$\rho_0 = \frac{2850 \times \left(1 + \dfrac{28}{100}\right)}{1 + \dfrac{2850}{1000} \times \dfrac{28}{100}} = 2029(\text{kg/m}^3)$$

(4) 水泥的质量强度比。

$$R_C = \frac{2029}{201} = 10.1(\text{kg}/(\text{MPa}\cdot\text{m}^3))$$

2) 矿渣粉活性系数

$$\alpha_K = \frac{85-50}{50} = 0.7$$

3) 粉煤灰活性系数

$$\alpha_F = \frac{76-70}{30} = 0.2$$

2. 砂石主要技术参数

1) 石子主要技术参数

本次试验使用洁净的 16~20mm 单粒级石子，技术参数通过现场检测求得，具体数据见表 8-25。

表 8-25　石子的主要技术参数

堆积密度/(kg/m³)	空隙率/%	吸水率/%
1320	44	1.5

2) 砂子主要技术参数

该项目使用细度模数为 2.6 的洁净中砂，技术参数通过现场检测求得，具体数据见表 8-26。

表 8-26　砂子的主要技术参数

紧密堆积密度/(kg/m³)	含石率/%	含水率/%
1960	0	2

8.5.3　透水混凝土配合比设计

1. 配制强度

由于透水混凝土预留了开口孔隙，为了提高浆体和骨料界面的黏结强度，在配合比设计时将设计要求的 C20 按照提高一个强度等级即 C25 进行设计。

$$f_{\text{cuo}} = 25 + 1.645 \times 4 = 31.6(\text{MPa})$$

2. 胶凝材料用量

1) 基准水泥用量

$$m_{\text{C}_0} = 10.1 \times 31.6 = 319(\text{kg})$$

2) 水泥用量

$$m_{\text{C}} = 319 \times 0.75 = 239(\text{kg})$$

3) 矿渣粉用量

$$m_{\text{K}} = \frac{319 \times 0.20}{0.7} = 91(\text{kg})$$

4) 粉煤灰用量

$$m_{\text{F}} = \frac{319 \times 0.05}{0.2} = 80(\text{kg})$$

3. 胶凝材料标准稠度用水量

$$W_{\text{B}} = (239 + 91 \times 1.0 + 80 \times 1.03) \times \frac{28}{100} = 115(\text{kg})$$

4. 泌水系数

$$M_{\text{W}} = \frac{239 + 91 + 80}{300} - 1 = 0.37$$

5. 胶凝材料拌和用水量

$$W_1 = \frac{2}{3} \times 115 + \frac{1}{3} \times 115 \times (1 - 0.37) = 101(\text{kg})$$

6. 胶凝材料浆体体积

$$V_{\text{浆体}} = \frac{239}{2850} + \frac{91}{2800} + \frac{80}{2200} + \frac{101}{1000} = 0.254(\text{m}^3)$$

7. 砂子用量及用水量

1) 砂子体积

$$V_{\text{S}} = 0.44 - 0.254 - 0.15 = 0.036(\text{m}^3)$$

2) 砂子用量

$$m_S = 1960 \times 0.036 = 71(kg)$$

3) 砂子用水量

$$W_{2min} = 71 \times (5.7\% - 2\%) = 3(kg)$$

$$W_{2max} = 71 \times (7.7\% - 2\%) = 4(kg)$$

8. 石子用量及用水量

$$m_G = 1320 \times 1 = 1320(kg)$$

$$W_3 = 1320 \times 1.5\% = 20(kg)$$

9. 砂石用水量

$$W_{2min+3} = 3 + 20 = 23(kg)$$

$$W_{2min+3} = 4 + 20 = 24(kg)$$

10. C25 透水混凝土配合比

C25 透水混凝土配合比见表 8-27。

表 8-27　C25 透水混凝土配合比　　　　　　　　(单位: kg/m³)

水泥	矿渣粉	粉煤灰	砂子	石子	拌和水	预湿水
239	91	80	71	1320	101	23~24

8.5.4　试配

1. 外加剂掺量调整试验

称取水泥 239g、矿渣粉 91g、粉煤灰 80g、水 115g，进行外加剂掺量试验，同时掺加胶粉增加浆体的黏度，得到外加剂合理掺量为 1%，胶粉的掺量为 4kg/m³。

2. 试配工艺

首先将胶凝材料、胶粉、砂子与水投入搅拌机搅拌均匀，形成水泥混合砂浆，然后将石子投入搅拌机搅拌，搅拌均匀时水泥砂浆完全包裹在石子表面，浆体表面有明显的光泽。采用压制成型工艺，试件养护到龄期后进行强度、透水系数和抗冻试验，具体数据见表 8-28，全部满足设计要求。

表 8-28　C25 透水混凝土配合比及检测结果

1m³ 混凝土用量/kg									28d 强度/MPa	透水系数/(mm/s)	抗冻 D50
水泥	矿渣粉	粉煤灰	胶粉	外加剂	砂子	石子	拌和水	预湿水			
239	91	80	4	4	71	1320	101	23	29.9	3.3	合格
239	91	80	4	4	71	1320	101	23	29.8	3.3	合格
239	91	80	4	4	71	1320	101	24	31.7	3.2	合格

8.5.5　工程应用

在试验成功的基础上，进行济南经济开发区人行道透水混凝土施工。在浇筑透水混凝土路面之前，先把地基夯实压平，同时浇水保持地基湿润，混凝土拌和物采用自卸车运送到现场，采用道路摊铺机摊开铺平，采用小型压路机压实，最后根据设计要求在混凝土面层喷涂无机颜料，喷涂完成后采用塑料薄膜覆盖养护，达到设计强度后开放通行。这个项目完成后已经运行五年，透水性能良好，外观完好无损，色泽艳丽，得到业主、住户和社会各界人士的好评。

第9章 预湿骨料混凝土耐久性研究

9.1 原材料主要技术参数

9.1.1 胶凝材料主要技术参数

为了研究采用数字量化混凝土技术配制的混凝土各项性能，在内蒙古科技大学杭美艳教授指导下，由硕士研究生董龙瑞和几位同学进行了本次试验，本章内容由薛超和董龙瑞撰写，杭美艳教授修改。本次试验采用固定胶凝材料调整配合比的方法设计 C30、C50 和 C60 混凝土配合比，使用的胶凝材料主要技术参数见表 9-1，其中的需水量是将水泥、矿渣粉和粉煤灰按照已知胶凝材料的比例混合形成的复合胶凝材料采用水泥标准稠度测试方法试验测量得到的。

表 9-1 胶凝材料主要技术参数

名称	水泥	矿渣粉	粉煤灰	需水量
C30/kg	230	90	60	26
C50/kg	360	84	56	26.4
C60/kg	390	115	75	26.2
密度/(kg/m³)	3000	2800	2560	—

9.1.2 外加剂

本次试验使用聚羧酸减水剂，减水率在 18%～25%，推荐掺量为 2%，由内蒙古科技大学建筑科学材料研究所提供。

9.1.3 石子的主要技术参数

本次试验使用内蒙古安顺混凝土有限公司提供的碎石，经过现场检测，石子的主要技术参数见表 9-2。

表 9-2 石子的主要技术参数

空隙率/%	表观密度/(kg/m³)	吸水率/%
45	2734	2.58

9.1.4　砂子的分计筛余

为了准确掌握砂子的性能，我们选取三种砂子：①天然河砂，含泥量 3.8%，级配良好，用作试验的对比样；②土砂，含泥量 12%，是当地企业准备使用的一种砂子，本次试验主要是检测用这种砂子是否可以配制出工作性和强度满足施工要求的混凝土，同时研究用这种砂配制的混凝土对耐久性有多大的影响；③混合砂，用 70%的铬铁渣和 30%的尾矿砂混合形成的一种混合砂，级配较差，试验的主要目的是检测用这种混合砂是否可以配制出工作性和强度满足施工要求的混凝土，同时研究用这种混合砂配制的混凝土对耐久性有多大的影响。

1. 天然砂的分计筛余

天然砂的分计筛余见表 9-3。

表 9-3　天然砂的分计筛余

筛孔尺寸/mm	筛余量/g	分计筛余/%	累计筛余/%	细度模数
4.75	33.8	6.76	6.76	
2.36	104.3	20.86	27.62	
1.18	103.5	20.7	48.32	
0.6	100.1	20.02	68.34	3.0
0.3	69.7	13.94	82.28	
0.15	55.2	11.04	93.32	
筛底	26.9	5.38	—	

2. 土砂的分计筛余

土砂的分计筛余见表 9-4。

表 9-4　土砂的分计筛余

筛孔尺寸/mm	筛余量/g	分计筛余/%	累计筛余/%	细度模数
4.75	70.6	14.12	14.12	
2.36	67.9	13.58	27.7	
1.18	73.0	14.6	42.3	
0.6	109.7	21.94	64.24	2.85
0.3	110.1	22.02	86.26	
0.15	43.1	8.62	94.88	
筛底	20.9	4.18	—	

3. 混合砂的分计筛余

混合砂的分计筛余见表 9-5。

表 9-5　混合砂的分计筛余

筛孔尺寸/mm	筛余量/g	分计筛余/%	累计筛余/%	细度模数
4.75	9.24	1.85	1.85	
2.36	51.83	10.37	12.22	
1.18	157.96	31.59	43.81	
0.6	124.75	24.95	68.76	2.93
0.3	56.35	11.27	80.03	
0.15	60.25	12.05	92.08	
筛底	38.54	7.71	—	

4. 砂子的主要技术参数

砂子的主要技术参数见表 9-6。

表 9-6　砂子的主要技术参数

名称	紧密堆积密度/(kg/m³)	含石率/%	压力吸水率/%	MB 值
天然砂	1910	1.3	—	1.5
混合砂	1910	2.9	13.3	—
土砂	1960	13	10.8	2.0

为了和天然砂作对比，在配合比计算过程中砂子的用水量计算按照 5.7%~7.7%控制。

9.2　C30 混凝土配合比调整及计算

9.2.1　C30 天然砂混凝土

1. 胶凝材料标准稠度用水量

$$W_B = 380 \times \frac{26}{100} = 99 (\text{kg})$$

2. 泌水系数

$$M_W = \frac{380}{300} - 1 = 0.27$$

3. 胶凝材料拌和用水量

$$W_1 = \frac{2}{3} \times 99 + \frac{1}{3} \times 99 \times (1 - 0.27) = 90(\text{kg})$$

4. 胶凝材料浆体体积

$$V_{\text{浆体}} = \frac{230}{3000} + \frac{90}{2800} + \frac{60}{2560} + \frac{90}{1000} = 0.222(\text{m}^3)$$

5. 砂子用量及用水量

$$m_{S\text{天然砂}} = \frac{1910 \times 45\%}{1 - 1.3\%} = 871(\text{kg})$$

$$M_{2\text{min}} = 871 \times 5.7\% = 50(\text{kg})$$

$$M_{2\text{max}} = 871 \times 7.7\% = 67(\text{kg})$$

6. 石子用量及用水量

$$m_G = (1 - 0.45 - 0.222) \times 2734 - 871 \times 1.3\% = 885(\text{kg})$$

$$W_3 = 885 \times 2.58\% = 23(\text{kg})$$

7. 砂石用水量

$$W_{2\text{min}+3} = 50 + 23 = 73(\text{kg})$$

$$W_{2\text{max}+3} = 67 + 23 = 90(\text{kg})$$

8. C30 天然砂混凝土配合比

C30 天然砂混凝土配合比见表 9-7。

表 9-7　C30 天然砂混凝土配合比　　　　　　(单位：kg/m³)

水泥	矿渣粉	粉煤灰	天然砂	石子	外加剂	拌和水	预湿水
230	90	60	871	885	4.94	90	73~90

9.2.2　C30 混合砂混凝土

1. 胶凝材料标准稠度用水量

$$W_B = 380 \times \frac{26}{100} = 99(\text{kg})$$

2. 泌水系数

$$M_W = \frac{380}{300} - 1 = 0.27$$

3. 胶凝材料拌和用水量

$$W_1 = \frac{2}{3} \times 99 + \frac{1}{3} \times 99 \times (1 - 0.27) = 90(\text{kg})$$

4. 胶凝材料浆体体积

$$V_{浆体} = \frac{230}{3000} + \frac{90}{2800} + \frac{60}{2560} + \frac{90}{1000} = 0.222(\text{m}^3)$$

5. 混合砂用量及用水量

$$m_{S混合砂} = \frac{1910 \times 45\%}{1 - 2.9\%} = 885(\text{kg})$$

$$W_{2min} = 885 \times 5.7\% = 50(\text{kg})$$

$$W_{2max} = 885 \times 7.7\% = 68(\text{kg})$$

6. 石子用量及用水量

$$m_G = (1 - 0.45 - 0.222) \times 2734 - 885 \times 2.9\% = 871(\text{kg})$$

$$W_3 = 871 \times 2.58\% = 22(\text{kg})$$

7. 砂石用水量

$$W_{2min+3} = 50 + 22 = 72(\text{kg})$$

$$W_{2max+3} = 68 + 22 = 90(\text{kg})$$

8. C30 混合砂混凝土配合比

C30 混合砂混凝土配合比见表 9-8。

表 9-8　C30 混合砂混凝土配合比　　　　　　（单位：kg/m³）

水泥	矿渣粉	粉煤灰	混合砂	石子	外加剂	拌和水	预湿水
230	90	60	885	871	4.94	90	72～90

9.2.3 C30 土砂混凝土

1. 胶凝材料标准稠度用水量

$$W_B = 380 \times \frac{26}{100} = 99(kg)$$

2. 泌水系数

$$M_W = \frac{380}{300} - 1 = 0.27$$

3. 胶凝材料拌和用水量

$$W_1 = \frac{2}{3} \times 99 + \frac{1}{3} \times 99 \times (1 - 0.27) = 90(kg)$$

4. 胶凝材料浆体体积

$$V_{浆体} = \frac{230}{3000} + \frac{90}{2800} + \frac{60}{2560} + \frac{90}{1000} = 0.222(m^3)$$

5. 土砂用量及用水量

$$m_{S土砂} = \frac{1960 \times 45\%}{1 - 13\%} = 1014(kg)$$

$$W_{2min} = 1014 \times 5.7\% = 28(kg)$$

$$W_{2max} = 1014 \times 7.7\% = 78(kg)$$

6. 石子用量及用水量

$$m_G = (1 - 0.45 - 0.222) \times 2734 - 1014 \times 13\% = 765(kg)$$

$$W_3 = 765 \times 2.58\% = 20(kg)$$

7. 骨料用水量

$$W_{2min} = 58 + 20 = 78(kg)$$

$$W_{2max} = 78 + 20 = 98(kg)$$

8. C30 土砂混凝土配合比

C30 土砂混凝土配合比见表 9-9。

表 9-9　C30 土砂混凝土配合比　　　　　　　（单位：kg/m³）

水泥	矿渣粉	粉煤灰	土砂	石子	外加剂	拌和水	预湿水
230	90	60	1014	765	4.94	90	78~98

9.3　C50 混凝土配合比调整及计算

9.3.1　C50 天然砂混凝土

1. 胶凝材料标准稠度用水量

$$W_B = 500 \times \frac{26.4}{100} = 132(\text{kg})$$

2. 泌水系数

$$M_W = \frac{500}{300} - 1 = 0.67$$

3. 胶凝材料拌和用水量

$$W_1 = \frac{2}{3} \times 132 + \frac{1}{3} \times 132 \times (1 - 0.67) = 103(\text{kg})$$

4. 胶凝材料浆体体积

$$V_{\text{浆体}} = \frac{360}{3000} + \frac{84}{2800} + \frac{56}{2560} + \frac{103}{1000} = 0.275(\text{m}^3)$$

5. 天然砂用量及用水量

$$m_{S\text{天然砂}} = \frac{1910 \times 45\%}{1 - 1.3\%} = 871(\text{kg})$$

$$W_{2\min} = 871 \times 5.7\% = 50(\text{kg})$$

$$W_{2\max} = 871 \times 7.7\% = 67(\text{kg})$$

6. 石子用量及用水量

$$m_G = (1 - 0.45 - 0.275) \times 2734 - 871 \times 1.3\% = 741(\text{kg})$$

$$W_3 = 741 \times 2.58\% = 19(\text{kg})$$

7. 砂石用水量

$$W_{2min+3}=50+19=69(kg)$$

$$W_{2max+3}=67+19=86(kg)$$

8. C50 天然砂混凝土配合比

C50 天然砂混凝土配合比见表 9-10。

表 9-10　C50 天然砂混凝土配合比　　　　　（单位：kg/m³）

水泥	矿渣粉	粉煤灰	天然砂	石子	外加剂	拌和水	预湿水
360	84	56	871	741	6.5	103	69～86

9.3.2　C50 混合砂混凝土

1. 胶凝材料标准稠度用水量

$$W_B = 500 \times \frac{26.4}{100} = 132(kg)$$

2. 泌水系数

$$M_W = \frac{500}{300} - 1 = 0.67$$

3. 胶凝材料拌和用水量

$$W_1 = \frac{2}{3} \times 132 + \frac{1}{3} \times 132 \times (1-0.67) = 103(kg)$$

4. 胶凝材料浆体体积

$$V_{浆体} = \frac{360}{3000} + \frac{84}{2800} + \frac{56}{2560} + \frac{103}{1000} = 0.275(m^3)$$

5. 混合砂用量及用水量

$$m_{S混合砂} = \frac{1910 \times 45\%}{1-2.9\%} = 885(kg)$$

$$W_{2min} = 885 \times 6\% = 53(kg)$$

$$W_{2max} = 885 \times 7.7\% = 68(kg)$$

6. 石子用量及用水量

$$m_G = (1 - 0.45 - 0.275) \times 2734 - 885 \times 2.9\% = 726(kg)$$

$$W_3 = 726 \times 2.58\% = 19(kg)$$

7. 砂石用水量

$$W_{2min+3} = 53 + 19 = 72(kg)$$

$$W_{2max+3} = 68 + 19 = 87(kg)$$

8. C50 混合砂混凝土配合比

C50 混合砂混凝土配合比见表 9-11。

表 9-11　C50 混合砂混凝土配合比　　　　　　　（单位：kg/m³）

水泥	矿渣粉	粉煤灰	混合砂	石子	外加剂	拌和水	预湿水
360	84	56	885	726	6.5	103	72～87

9.3.3　C50 土砂混凝土

1. 胶凝材料标准稠度用水量

$$W_B = 500 \times \frac{26.4}{100} = 132(kg)$$

2. 泌水系数

$$M_W = \frac{500}{300} - 1 = 0.67$$

3. 胶凝材料拌和用水量

$$W_1 = \frac{2}{3} \times 132 + \frac{1}{3} \times 132 \times (1 - 0.67) = 103(kg)$$

4. 胶凝材料浆体体积

$$V_{浆体} = \frac{360}{3000} + \frac{84}{2800} + \frac{56}{2560} + \frac{103}{1000} = 0.275(m^3)$$

5. 土砂用量及用水量

$$m_{S土砂} = \frac{1960 \times 45\%}{1-13\%} = 1014(\text{kg})$$

$$W_{2min} = 1014 \times 5.7\% = 58(\text{kg})$$

$$W_{2max} = 1014 \times 7.7\% = 78(\text{kg})$$

6. 石子用量及用水量

$$m_G = (1-0.45-0.275) \times 2734 - 1014 \times 13\% = 620(\text{kg})$$

$$W_3 = 620 \times 2.58\% = 16(\text{kg})$$

7. 砂石用水量

$$W_{2min+3} = 58+16 = 74(\text{kg})$$

$$W_{2max+3} = 78+16 = 94(\text{kg})$$

8. C50 土砂混凝土配合比

C50 土砂混凝土配合比见表 9-12。

表 9-12　C50 土砂混凝土配合比　　　（单位：kg/m³）

水泥	矿渣粉	粉煤灰	土砂	石子	外加剂	拌和水	预湿水
360	84	56	1014	620	6.5	103	74～94

9.4　C60 混凝土配合比调整及计算

9.4.1　C60 天然砂混凝土

1. 胶凝材料标准稠度用水量

$$W_B = 580 \times \frac{26.2}{100} = 152(\text{kg})$$

2. 泌水系数

$$M_W = \frac{580}{300} - 1 = 0.93$$

3. 胶凝材料拌和用水量

$$W_1 = \frac{2}{3} \times 152 + \frac{1}{3} \times 152 \times (1 - 0.93) = 105(\text{kg})$$

4. 胶凝材料浆体体积

$$V_{\text{浆体}} = \frac{390}{3000} + \frac{115}{2800} + \frac{75}{2560} + \frac{105}{1000} = 0.305(\text{m}^3)$$

5. 天然砂用量及用水量

$$m_{\text{S天然砂}} = \frac{1910 \times 45\%}{1 - 1.3\%} = 871(\text{kg})$$

$$W_{2\min} = 871 \times 5.7\% = 50(\text{kg})$$

$$W_{2\max} = 871 \times 7.7\% = 67(\text{kg})$$

6. 石子用量及用水量

$$m_{\text{G}} = (1 - 0.45 - 0.305) \times 2734 - 871 \times 1.3\% = 659(\text{kg})$$

$$W_3 = 659 \times 2.58\% = 17(\text{kg})$$

7. 砂石用水量

$$W_{2\min+3} = 50 + 17 = 67(\text{kg})$$

$$W_{2\max+3} = 67 + 17 = 84(\text{kg})$$

8. C60 天然砂混凝土配合比

C60 天然砂混凝土配合比见表 9-13。

表 9-13　C60 天然砂混凝土配合比　　　　　　（单位：kg/m³）

水泥	矿渣粉	粉煤灰	天然砂	石子	外加剂	拌和水	预湿水
390	115	75	871	659	7.54	105	67~84

9.4.2　C60 混合砂混凝土

1. 胶凝材料标准稠度用水量

$$W_{\text{B}} = 580 \times \frac{26.2}{100} = 152(\text{kg})$$

2. 泌水系数

$$M_W = \frac{580}{300} - 1 = 0.93$$

3. 胶凝材料拌和用水量

$$W_1 = \frac{2}{3} \times 152 + \frac{1}{3} \times 152 \times (1 - 0.93) = 105 (\text{kg})$$

4. 胶凝材料浆体体积

$$V_{\text{浆体}} = \frac{390}{3000} + \frac{115}{2800} + \frac{75}{2560} + \frac{105}{1000} = 0.305 (\text{m}^3)$$

5. 混合砂用量及用水量

$$m_{S\text{混合砂}} = \frac{1910 \times 45\%}{1 - 2.9\%} = 885 (\text{kg})$$

$$W_{2\text{min}} = 885 \times 6\% = 53 (\text{kg})$$

$$W_{2\text{max}} = 885 \times 7.7\% = 68 (\text{kg})$$

6. 石子用量及用水量

$$m_G = (1 - 0.45 - 0.305) \times 2734 - 885 \times 2.9\% = 644 (\text{kg})$$

$$W_3 = 644 \times 2.58\% = 17 (\text{kg})$$

7. 砂石用水量

$$W_{2\text{min}+3} = 53 + 17 = 70 (\text{kg})$$

$$W_{2\text{max}+3} = 68 + 17 = 85 (\text{kg})$$

8. C60 混合砂混凝土配合比

C60 混合砂混凝土配合比见表 9-14。

表 9-14　C60 混合砂混凝土配合比　　　　　（单位：kg/m³）

水泥	矿渣粉	粉煤灰	混合砂	石子	外加剂	拌和水	预湿水
390	115	75	885	644	7.54	105	70~85

9.5　配合比试验及数据分析

9.5.1　混凝土配合比

本次试验采用固定胶凝材料的办法设计配合比，主要包括 C30 三组、C50 三组、C60 两组、免养护试验 C50 四组，其中胶凝材料用量采用内蒙古科技大学建筑科学研究所原有数据，砂石用量根据现场检测结果利用多组分混凝土理论调整计算求得，提供试配的计算配合比数据见表 9-15。

表 9-15　混凝土计算配合比

序号	强度等级	1m³混凝土用量/kg									
		水泥	矿渣粉	粉煤灰	河砂	混合砂	土砂	石子	外加剂(1.3%)	拌和水	预湿水
1	C30	230	90	60	871	—	—	885	4.94	90	73～90
2	C30	230	90	60	—	885	—	871	4.94	90	72～90
3	C30	230	90	60	—	—	1014	765	4.94	90	78～98
4	C50	360	84	56	871	—	—	741	6.5	103	69～86
5	C50	360	84	56	—	885	—	726	6.5	103	69～87
6	C50	360	84	56	—	—	1014	620	6.5	103	74～94
7	C60	390	115	75	871	—	—	659	7.54	105	67～84
8	C60	390	115	75	—	885	—	644	7.54	105	67～85

9.5.2　现场试配

为了减少系统误差，本次试验采用同一批原材料，试配过程全部采用预湿骨料工艺，一次完成，在试配过程中外加剂按照设计计量全部加入，在坍落度满足设计指标的条件下减少试配用水量，试配数据见表 9-16。

表 9-16　混凝土试配配合比

序号	试配量/L	等级	1m³混凝土用量/kg									坍落度/mm
			水泥	矿渣粉	煤灰	天然砂	混合砂	土砂	石子	外加剂	用水量	
1	45	C30	230	90	60	871	—	—	885	7.22	151	230
2	45	C30	230	90	60	—	885	—	871	7.03	177	200
3	45	C30	230	90	60	—	—	1014	765	7.22	146	255
4	45	C50	360	84	56	871	—	—	741	9.5	152	230
5	45	C50	360	84	56	—	885	—	726	5.6	153	200
6	45	C50	360	84	56	—	—	1014	620	9.5	150	250
7	45	C60	390	115	75	871	—	—	659	11.02	165	250
8	45	C60	390	115	75	—	885	—	644	6.496	165	250
11	45	C30	230	90	60	895.56	—	—	860.44	8.17	151.3	235

　　为了验证免养护效果，用天然砂和土砂各做两组 C50 试件，一组不加养护剂，成型后进入标准养护室养护，一组加养护剂，露天堆放自然养护，28d 后检测外观质量和强度，试验数据见表 9-17。

表 9-17　免养护试验配合比

| 序号 | 试配量/L | 等级 | 1m³ 混凝土用量/kg | | | | | | | | 养护剂 |
			水泥	矿粉	煤灰	天然砂	土砂	石子	外加剂	用水量	
9.1	35	C50	360	84	56	871	—	741	5.65	189	不加
9.2	35	C50	360	84	56	871	—	741	5.65	189	加 35g
10.1	25	C50	360	84	56	—	1014	620	5.75	228	不加
10.2	25	C50	360	84	56	—	1014	620	5.75	228	加 25g

9.5.3　混凝土工作性及力学性能

　　混凝土试配试验数据见表 9-18。砂的品种与抗压强度的关系见图 9-1。

表 9-18　混凝土试配试验数据

| 强度等级 | 试验序号 | 砂类别 | 坍落度/mm | 扩展度/mm | 含气量/% | 出机状态 | 28d 抗折强度/MPa | 抗压强度/MPa | | | 弹性模量/MPa | 劈裂抗拉强度/MPa |
								3d	7d	28d		
	11	天然砂	—	—	—	较好	4.2	24.4	30.0	47.5	32.7	35.9
C30	1	天然砂	230	460	1.1	麻、涩；和易性差	4.5	26.5	29.3	47.3	31.1	28.7
	2	混合砂	200	—	1.8	静置一会儿离析	4.2	15.5	19.3	36.4	25.7	31.7
	3	土砂	250	560	1.4	比天然砂好些	3.9	22.0	30.6	44.5	30.4	38.9
C50	4	天然砂	200	310	2.8	基本呈现损失较快现象	5.7	40.0	46.0	59.7	35.1	44.3
	5	混合砂	250	380	0		3.9	38.3	46.2	59.9	35.9	37.1
	6	土砂	250	—	2.1		5.7	39.3	44	55.5	34.9	53.2
C60	7	天然砂	250	560	—	基本呈现损失较快现象	6.0	43.7	47.3	55.9	34.6	40.1
	8	土砂	200	310	2.8		5.1	40.3	47.3	59.5	35.6	38.3

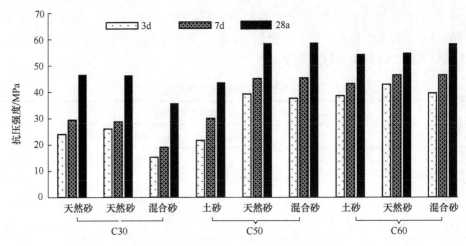

图 9-1　砂的品种与抗压强度的关系

　　由以上试验数据分析可知：①采用天然砂、土砂及混合砂配制的 C30、C50 和 C60 混凝土出机坍落度满足设计要求，坍落度损失较大，需要调整外加剂掺量改善状态，减少坍落度损失。C30 和 C50 混凝土强度全部达到设计要求，强度发展规律基本一致，配制的 C60 混凝土强度偏低。②用土砂、混合砂配制的 C60 混凝土强度高于使用天然砂配制的 C60 混凝土。用水量 148kg 的天然砂 C60 混凝土强度低于用水量 165kg 的混合砂 C60 混凝土。这是因为混凝土用水量不足引起混凝土 28d 强度降低，用水量越少、水灰比越小，化学反应越不充分，混凝土强度越低。③三个强度等级的混凝土弹性模量和劈裂抗拉强度均达到国家标准要求，证明采用混合砂和土砂配制的混凝土对这两个指标的影响不大。

9.5.4　免养护试验结果

　　免养护对比试验数据见表 9-19。

表 9-19　免养护对比试验数据

等级	序号	砂类别	坍落度/mm	扩展度/mm	28d 抗压强度/MPa	养护剂	养护条件
C50	9.1	天然砂	250	550	48.0	不掺	标准养护
C50⁺	9.2	天然砂	250	550	42.8	掺加	自然堆放
C50	10.1	土砂	250	550	46.1	不掺	标准养护
C50⁺	10.2	土砂	250	550	43.2	掺加	自然堆放

　　由以上试验数据分析可知，四组试件成型后观察 24h，混凝土表面有亮光，

肉眼观察到在混凝土上表面有清晰的皱纹，浇水后无渗水现象发生。掺加养护剂自然堆放的试件与标准养护的试件强度差小于 5MPa，证明养护剂可以起到免养护的作用。

9.5.5 混凝土抗冻试验

为了验证采用三种不同砂子配制混凝土对耐久性的影响，采用快冻法进行300 次冻融循环，试验数据见表 9-20 和表 9-21、图 9-2 和图 9-3。

表 9-20 预湿骨料混凝土质量冻融试验数据

强度等级	试验序号	砂类别	冻融循环次数												
			0 次	50 次		100 次		150 次		200 次		250 次		300 次	
			质量/kg	质量/kg	质量损失/%	质量/kg	质量损失/%	质量/kg	质量损失/%	质量/kg	质量损失/%	质量/kg	质量损失/%	质量/kg	质量损失/%
C30	11	天然砂1	9.89	9.87	0.20	9.88	0.10	9.88	0.10	9.87	0.20	9.85	0.40	9.79	1.01
	1	天然砂2	9.98	9.98	0	9.97	0.10	9.96	0.20	9.94	0.40	9.86	1.20	9.82	1.60
	2	混合砂	9.69	9.70	-0.10	9.68	0.10	9.66	0.31	9.66	0.31	9.61	0.83	9.51	1.86
	3	土砂	9.77	9.78	-0.10	9.77	0	9.76	0.10	9.74	0.31	9.67	1.02	9.61	1.64
C50	4	天然砂	9.87	9.88	-0.10	9.86	0.10	9.86	0.10	9.86	0.10	9.84	0.30	9.83	0.41
	5	混合砂	9.9	9.91	-0.10	9.9	0	9.89	0.10	9.89	0.10	9.88	0.20	9.86	0.40
	6	土砂	9.78	9.78	0	9.78	0	9.77	0.10	9.78	0.00	9.77	0.10	9.76	0.20
C60	7	天然砂	9.72	9.72	0	9.71	0.10	9.71	0.10	9.71	0.10	9.7	0.21	9.69	0.31
	8	混合砂	9.97	9.98	-0.10	9.98	-0.10	9.98	-0.10	9.98	-0.10	9.97	0	9.96	0.10

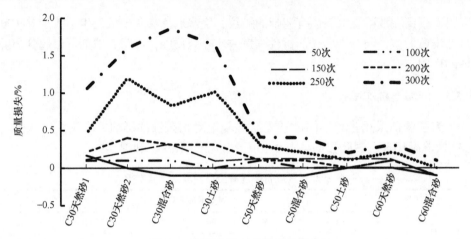

图 9-2　循环次数对应的质量损失

表 9-21　预湿骨料混凝土弹性模量冻融试验数据

强度等级	试验序号	砂类别	0 次	50 次		100 次		150 次		200 次		250 次		300 次	
			弹性模量/MPa	弹性模量/MPa	相对动弹性模量/%	弹性模量/MPa	相对动弹性模量/%	弹性模量/MPa	相对动弹性模量/%	弹性模量/MPa	相对动弹性模量/%	弹性模量/MPa	相对动弹性模量/%	弹性模量/MPa	相对动弹性模量/%
	11	天然砂1	2253	2259	100.53	2257	100.36	2228	97.79	2183	93.88	2100	86.88	1918	72.47
C30	1	天然砂2	2161	2162	100.09	2155	99.45	2122	96.42	2100	94.43	1963	82.51	1804	69.69
	2	混合砂	2190	2165	97.73	2136	95.13	2164	97.64	2130	94.60	2089	90.99	2009	84.15
	3	土砂	2361	2352	99.24	2345	98.65	2332	97.56	2310	95.73	2300	94.90	2293	94.32
	4	天然砂	2400	2396	99.67	2383	98.59	2365	97.10	2362	96.86	2332	94.41	2312	92.80
C50	5	混合砂	2389	2376	98.91	2350	96.76	2383	99.50	2372	98.58	2350	96.76	2298	92.53
	6	土砂	2376	2381	100.42	2368	99.33	2356	98.32	2345	97.41	2338	96.83	2336	96.66

续表

强度等级	试验序号	砂类别	冻融循环次数												
			0 次	50 次		100 次		150 次		200 次		250 次		300 次	
			弹性模量/MPa	弹性模量/MPa	相对动弹性模量/%	弹性模量/MPa	相对动弹性模量/%	弹性模量/MPa	相对动弹性模量/%	弹性模量/MPa	相对动弹性模量/%	弹性模量/MPa	相对动弹性模量/%	弹性模量/MPa	相对动弹性模量/%
C60	7	天然砂	2386	2383	99.75	2378	99.33	2362	98.00	2356	97.50	2349	96.92	2340	96.18
	8	混合砂	2250	2243	99.38	2261	100.98	2223	97.61	2136	90.12	2111	88.03	2009	79.73

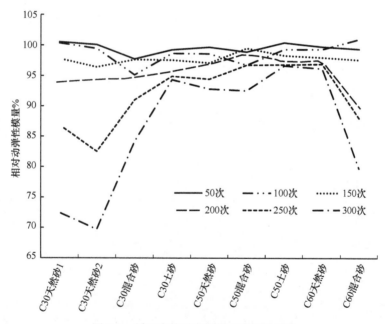

图 9-3 循环次数对应的相对动弹性模量

由以上试验数据分析可知，经过 300 次冻融循环后，所有试件质量损失小于2%，小于国家标准 5%的规定值。相对动弹性模量有 5 组大于 90%，有 1 组介于80%～90%，有 2 组介于 70%～80%，有 1 组介于 60%～70%，全部大于国家标准规定的 60%。

9.5.6　结论

(1) 利用土砂和混合砂配制的混凝土工作性可以满足混凝土泵送施工要求。

(2) 利用土砂和混合砂配制的混凝土强度达到设计要求，与天然砂配制的混凝土具有相同的承载能力，可以用于工程项目使用。

(3) 利用土砂和混合砂配制的混凝土耐久性良好，抗冻指标优于天然砂。

(4) 掺加养护剂配制的混凝土可以起到一定的免养护作用。

参 考 文 献

魏秀军, 李迁. 2007. 混凝土强度预测与推定. 沈阳: 辽宁大学出版社.

朱效荣. 2016. 数字量化混凝土实用技术. 北京: 中国建材工业出版社.

朱效荣, 薄超, 王耀文, 等. 2019. 数字量化混凝土实用技术操作指南——机器人帮我搞试配.
北京: 中国建材工业出版社.

朱效荣, 李迁, 孙辉. 2007. 现代多组分混凝土理论. 沈阳: 辽宁大学出版社.

朱效荣, 李迁, 张英勇, 等. 2005. 绿色高性能混凝土研究. 沈阳: 辽宁大学出版社.

朱效荣, 赵志强. 2018. 智能+绿色高性能混凝土. 北京: 中国建材工业出版社.